# 발효식품

# 머 | 리 | 말

발효식품이 언제 어떻게 이용되었는지는 명확하지 않지만 알코올음료나 빵, 치즈 등은 인류가 자연현상을 응용해 만든 발효식품으로, 음식물을 보관하거나 저장하는 과정에서 자연적으로 발효되어 술이 되고 빵이 되었을 것으로 추측된다. 일반적으로 발효식품은 유산균과 효모, 일부 곰팡이에 의해 만들어지는 것으로 면역과 항암 활성 등의 기능을 갖고 있다. 나라마다 고유의 다양한 발효식품이 있으며, 세계적으로 장수하는 지역의 경우 다른 지역에 비해 발효식품의 섭취 빈도와 양이 상대적으로 많다는 사실이 널리 알려졌다. 이에 따라 최근 다양한 발효식품의 건강기능성에 대한 연구가 활발히 수행되고 있으며 많은 내용이 밝혀지고 있다.

우리나라의 경우 농림수산식품부는 2010년 식품산업의 글로벌화 및 세계화를 위해 김치, 장류, 젓갈, 전통주, 천일염을 중심으로 발효식품산업을 육성하기 위해 제도적·재정적 추진기반을 확충할 계획을 발표하였다. 이 5가지 식품은 건강기능성이 밝혀진 우리나라의 대표적인 발효식품이다. 김치는 세계 5대 건강식품으로 선정되기도 하였으며, 한식 세계화와 한류의 영향으로 세계 각지에서 관심이 점차 높아지고 있다.

한국 음식은 계절적·지리적 영향으로 제철에 생산되는 곡류, 두류, 채소류, 생선류 등을 이용한 다양한 주식과 부식으로 구성되어 있으며, 장(醬), 김치(沈菜), 젓갈류(?) 등의 발효저장식품이 발달한 것이 특징이다. 이러한 발효식품은 한식의 근간이 되는 깊은 맛을 내는 중요한 식재료이자 하나의 음식으로서의 역할을 해오고 있다.

20세기 들어 빠르게 진행된 산업화 사회는 인류의 먹거리에 많은 영향을 끼쳐 식품 고유의 맛을 살리는 음식보다는 빠르고 간편하게 먹을 수 있는 즉석 가공식품의 발달을 가져왔다. 그중 대표적 즉석 가공식품인 패스트푸드는 비만의 한 원인이기도 하다. 그러나 건강에 대한 관심이 늘어나면서 웰빙식품, 슬로푸드라는 용어가 등장하는 등, 음식에 대한 인식에도 많은 변화가 일고 있다. 바로 우리의 발효식품이 웰빙식품이자 슬로푸드의 대표적인 예가 될 수 있다고 생각한다.

이 책을 통해 다양한 발효식품과 그 건강기능성에 대해서 알리고자 하였으며, 이 책이 발효식품에 대한 유용한 자료로 활용될 수 있기를 희망한다. 혹 책에 대해 미흡한 점이 있으면 많은 조언을 부탁드리며, 향후 보완하여 더욱 충실한 책이 되도록 할 것을 약속드린다. 그동안 이 책이 출간되기까지 도움을 주신 많은 분과 파워북 관계자에게도 감사의 말을 전한다.

저자 일동

# 차 | 례

## Chapter 7 음료류



## Chapter 8 농산 · 축산 · 수산발효

# 발효식품의 개요

Chapter 1

1. 발효의 기원
2. 미생물학의 발전
3. 미생물의 이용
4. 발효와 미생물

# 1

# FERMENTED FOOD

# 1. 발효의 기원

발효fermentation는 라틴어의 끓는다fervere에서 유래된 것으로 효모의 알코올발효 시 발생하는 탄산가스에 의해서 거품이 일게 되는 현상을 나타낸 것으로 추측된다.

알코올발효는 알코올음료나 빵을 만들기 위해 원시시대부터 인류가 이용해 온 자연현상이었다. 언제부터 어떻게 만들어졌는지 명확하지 않지만, 음식물의 보관이나 저장 시 자연적으로 발효되어 술이 되거나 원시 형태의 치즈가 되었을 것으로 추측된다.

BC 2400년경 이집트 왕의 묘인 피라미드 내부 벽면에 맥주와 빵을 만드는 과정이 그려져 있고, 수메르인의 유적에는 16종의 맥주가 기록되어 있다. 또한 성경의 구약 창세기 편에 손님에게 '엉긴 젖'을 대접하였다는 내용이 나오며 3000년 전 중국에서는 피부병의 치료에 곰팡이가 핀 두부를 사용하였다는 기록도 있다. 우리나라에서도 『제왕운기帝王韻紀』의 동명성왕 건국담에 술에 얽힌 이야기가 나온다.

이처럼 발효식품은 미생물의 존재가 알려지기 오래전인 수천년 전부터 식품이나 주류의 제조에 이용되어 왔다. 하지만 이러한 발효현상은 19세기에 들어 미생물의 존재가 알려지게 되면서 과학적으로 증명되기 시작하였다.

그림 1-1 | 이집트의 벽화

## 2. 미생물학의 발전

미생물을 처음 현미경으로 관찰하여 정확하게 기록한 것은 17세기 네덜란드의 레벤후크Antonie van Leeuwenhoek(1632~1723)이다. 레벤후크는 스스로 갈아서 만든 렌즈를 이용하여 단세포 생명체의 관찰에 성공했고 최대 확대율 270배의 현미경을 제작하여 빗물 속의 움직이는 생물을 확인하였다. 이러한 단세포 생명체의 존재가 밝혀졌으나 이들이 어떻게 발효나 부패 현상과 관련 있는지는 알지 못했다.

그 후 미생물학이 자연과학으로서 확립되기 시작한 것은 19세기 중반 이후 파스퇴르Louis Pasteur(1822~1895)의 연구에 의해서다. 파스퇴르는 그동안 정설로 오랫동안 자리했던 생물의 자연발생설spontaneous generation을 실험적 증명으로 부인하였으며, 알코올발효는 미생물인 효모가 혐기적 상태에서 에너지를 획득하는 수단이라고 생각했다. 그의 연구는 발효가 세포의 활동에 생리적으로 중요한 역할을 하는 생명과정임을 보여주었다. 레벤후크 이후 미세생물의 발견과 함께 시작된 미생물에 대한 연구는 파스퇴르에 의해 명확한 개념과 기법을 갖춘 학문이 되었다.

이후 독일인 의사 코흐Robert Koch(1843~1910)에 의하여 질병의 원인으로서 미생물의 작용에 관한 것을 발견하면서 병원미생물학으로 이어졌으며, 부흐너Büchner는 효모세포를 마쇄한 효모 추출액에 당을 첨가하여 보존한 결과 이산화탄소와 알코올이 생성되는 것을 관찰하여 발효가 효소enzyme에 의한 것이라는 사실을 밝혀냈다.

이후 20세기에 들어와 생화학 분야에서 연구된 근육에서의 해당작용glycolysis이 미생물에 의한 젖산발효, 알코올발효 등과 본질적으로 유시하다는 것이 확인되었다.

제1차 세계대전 중에 영국, 독일에서 아세톤부탄올acetone-butanol발효, 글리세린glycerine발효를 개발하여 화약의 재료로 사용함으로써 발효공업이 발전하는 계기가

알코올발효 경로

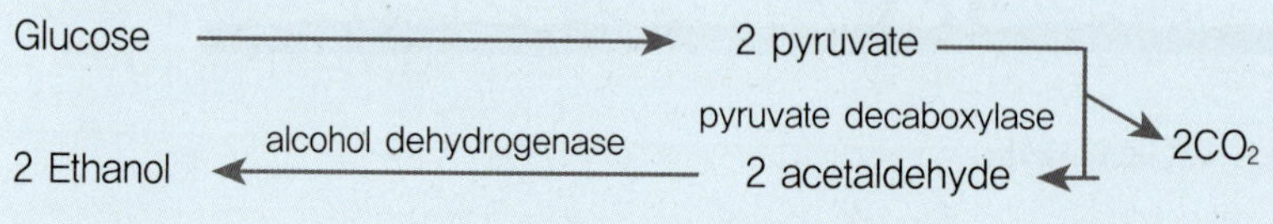

되었다.

플레밍Alexander Fleming이 발견한 페니실린은 2차 세계대전 중에 대량으로 생산하게 되어 호기성 발효를 대규모로 할 수 있는 방법(심부배양법submerged culture)이 개발되었다. 이처럼 미생물 공업이 발전하면서 발효공학의 체계화가 이루어졌다.

1940년부터는 미생물 유전학이 발전되었고 그 후 왓슨Watson과 크릭Crick에 의한 DNA 2중 나선구조의 규명으로 유전물질이 밝혀진 이래 유전자재조합recombination of genes 기술로 인슐린, 인터페론 등의 유용한 물질을 미생물을 이용하여 대량으로 생산하게 되었다.



## 3. 미생물의 이용

미생물의 이용 분야는 양조업을 중심으로 발전하여 포도주 등의 주류, 빵 등의 효모류, 식초양조에 관여하는 초산균류, 요구르트 또는 피클에 관여하는 젖산균류 등이 순수 분리되고 그 분류학적 · 생리학적 연구가 계속되고 있다. 발효공업은 유기화학과 관련되어 자연으로부터의 특정 대사산물을 대량으로 생성 · 촉진하는 미생물의 분리 및 그 대사생산물의 공업적 생산단계로 진보하였다. 젖산이나 알코올은 예전부터 전통적인 방법으로 제조되어 왔으나 *Aspergillus niger*에 의한 발효법으로 구연산이나 글루콘산을 제조하게 되었고, 이어서 각종 유기산발효가 개발되었다.

이와 같은 미생물에 의한 유용한 대사산물의 생산은 소량이지만 부가가치가 높은 생산물을 얻는 방향으로 발전함에 따라 식품이 아닌 비식품의 생산으로 연구의 초점이 옮겨지게 되어 항생물질과 생리활성물질의 생산으로 발전하였다.

항생물질의 발견은 1929년 영국의 플레밍이 포도상구균을 배양한 평판배지 위에 오염균인 푸른곰팡이*Penicillium notatium*의 주변에 포도상구균이 용균되어 있는 것을 발견하여, 푸른곰팡이에서 이 물질을 분리하여 penicillin이라 명명하였다.

이후 토양미생물을 연구하던 미국의 왁스먼S.A. Waksman(1888~1973)은 토양에서 분리한 방선균 *streptomyces griseus*에서 Gram 음성균과 결핵균에 항균기능을 갖는 항생물질인 streptomycin을 분리하였고, 항생물질antibiotics이라는 말을 처음 사용하였다.

1950~1960년대에 걸쳐서 생화학, 효소화학, 미생물유전학 등의 기법이 도입되면서 발효공학도 다양하게 발전되었다. 1956년 MSG mono sodium glutamate 발효생산 기술이 발명된 데 이어서 라이신, 아스파라긴산, 이소로이신 등을 비롯한 주요 아미노산의 대부분을 세균에 의한 발효과정을 통하여 생산하게 되어 아미노산발효라는 새로운 분야가 개척되었다.

기타 미생물에 의해서 생성되는 효소저해제, 미생물 다당류 등 여러 생리활성물질이 분리되고 있어 식품산업에 이용되거나 그 응용이 진행되고 있다.

## 4. 발효와 미생물

미생물microorganism은 육안으로 인지할 수 없을 정도로 아주 작은 생물체를 총칭하는 말로 일반적으로 세균, 효모, 곰팡이, 조류, 원생동물 및 바이러스가 포함된다.

### 1) 세균

세균bacteria은 원핵세포 생물로서 대부분 1㎛ 내외의 크기인 단세포 또는 증식의 결과 생긴 단순한 세포집합체를 지칭한다 그림 1-2 .

일반적으로 세균은 형태에 따라 구균(coccus형), 원통형 또는 막대형의 것을 간균(rod 또는 bacillus 형), 나선상 또는 굽은 형태의 것을 나선균(spirillum 형)으로 크게 나눈다 그림 1-3 .

세균은 그 생육에 유리산소가 있어야 하는 것과 오히려 생육에 산소가 필요하지 않는 것으로 나뉘는데, 전자를 호기성aerobic 균이라고 하고 후자를 혐기성anaerobic 균이라고 한다.

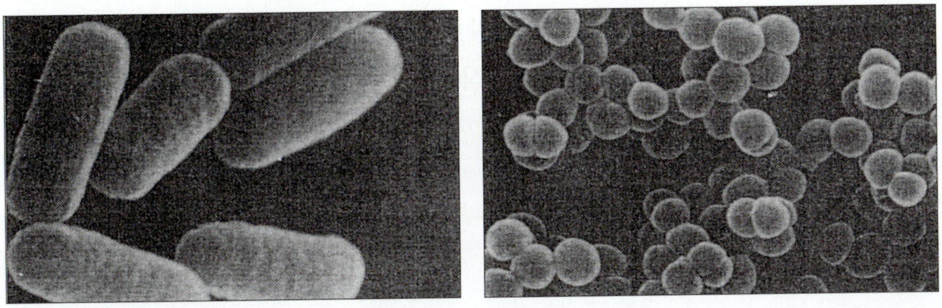

그림 1-2 대장균(좌)과 포도상구균(우)의 전자현미경 사진

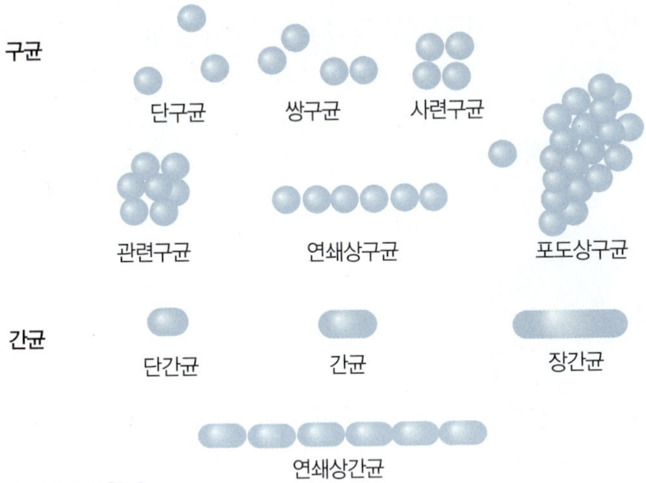


그림 1-3 세균의 형태

표 1-1 | 세균의 분류와 이용

| 구분 | 종류 | 이용용도 |
|---|---|---|
| *Bacillus*속 | *Bacillus subtilis*<br>*Bacillus natto* | 된장, 청국장 |
| *Lactic acid Bacteria* | *Lactobacillus lactis*<br>*Streptpcoccus thermophilus*<br>*Pediococcus pentosaseus*<br>*Leuconostoc mesenteroides*<br>*Leuconostoc citrieum* | 요구르트, 치즈, 김치 |
| *Acetobacter* | *Acetobacter aceti*<br>*Acetobacter vini-acetati* | 식초 |

발효와 관련된 대표적인 세균으로는 장류 발효에 관여하는 *Bacillus*속 균, 유제품이나 야채발효에 관여하는 젖산균류, 식초발효에 관여하는 *Acetobacter*속 균들이 있으며, 그 내용은 아래 표 1-1 과 같다.

## 2) 효모

효모yeast는 곰팡이와 같은 진균류에 속하지만 일반적인 곰팡이와는 달리 균사(菌絲, mycelium)를 만들지 않고 5~10㎛ 정도의 단세포로 증식한다.

효모는 발효식품에서 중요한 미생물로 알코올발효능이 강한 종류가 많아 고대로부터 주류 양조, 알코올 제조, 제빵 등에 이용되어 왔다. 하지만 일부 효모는 양조나 식품 등에 유해한 것들도 있다.

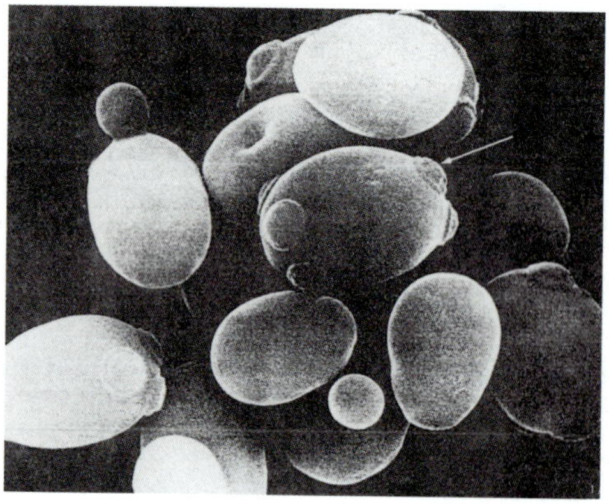

그림 1-4 효모의 주사 현미경 사진

효모의 형태는 배양 조건이나 시기에 따라 변하지만 대표적인 형태는 구형, 달걀형, 타원형이 일반적이며, 그 밖에 소세지형, 레몬형, 삼각형 등이 있다.

효모의 증식은 대부분 출아(出芽, budding)에 의하여 이루어진다 그림 1-4 . 성숙한 세포의 표면에 작은 아세포bud cell가 생기고, 이것이 점차 커지면서 핵이 옮겨가 마침내 원세포와의 사이에 새로운 세포벽이 생기면서 독립된 세포로 된다. 출아에 의해서 모세포의 표면에는 출

**표 1-2 | 대표적인 효모와 그 이용**

| 구분 | 종류 | 용도 |
|---|---|---|
| *Saccharomyces* 속 | *Saccharomyces cerevisiae* | 양조효모, 빵효모 |
| | *Saccharomyces Sake** | 청주효모 |
| | *Saccharomyces carlsbergensis** | 맥주발효 |
| *Zygosaccharomyces* 속 | *Zygosaccharomyces rouxii* | 간장효모 |
| *Candida* 속 | *Candida utilis* | 메탄올, 균체사료 |
| | *Candida tropicalis* | 균체단백제조 |

*현재는 *Saccharomyces cerevisiae*로 포함됐음

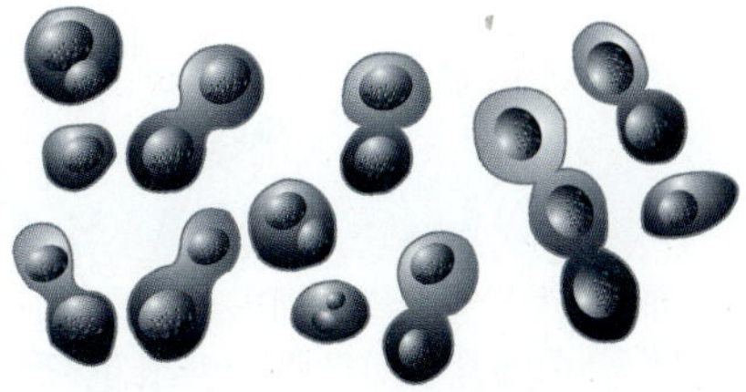

그림 1-5 *Saccharomyces cerevisiae*

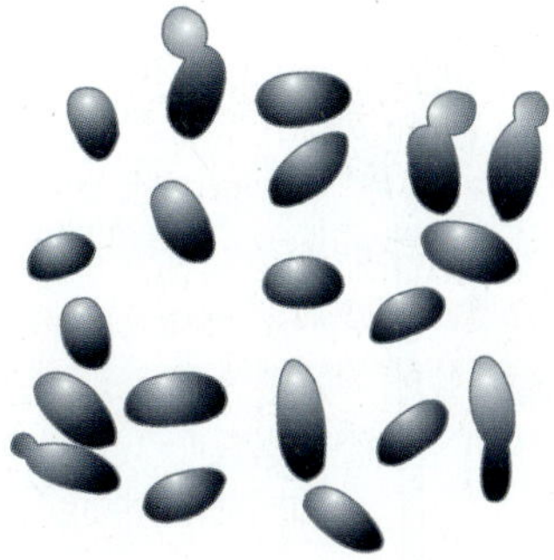

그림 1-6 *Candida utilis*



아흔(出芽痕, bud scar)이 나타난다.

대표적인 효모로 *Saccharomyces cerevisiae*는 청주효모, 포도주효모, 맥주효모가 알려졌고, 간장 양조에 관여하는 *Zygosaccharomyces rouxii*가 있다. 또한 탄화수소나 메탄올 생산에 관여하는 *Candida utilis*가 있다. 효모는 과일, 수액, 토양, 식품 등에 널리 분포되어 있다 표 1-2 .

## 3) 곰팡이

곰팡이(絲狀菌, mold)는 분류학적으로 진균류에 속하며 실 모양의 균사(菌絲, hyphae)가 모인 균사체 mycelium와 여기에 가지를 쳐서 포자spore를 가지게 되는 자실체 fruiting body로 구성되어 있다. 이들 전체를 균총colony이라고 하며, 균의 종류에 따라 균총의 색깔이 다르다.

### (1) *Mucor*속(털곰팡이)

토양, 퇴비, 과일 등 부패한 동식물에서 볼 수 있는 곰팡이로 균사가 공기 중으로 길게 뻗어 솜털과 같은 colony를 만드는 것이 특징이다.

발효공업에 일부 이용된 적이 있으나 주로 부패에 관여하며 유용하게 이용되는 것은 없다.

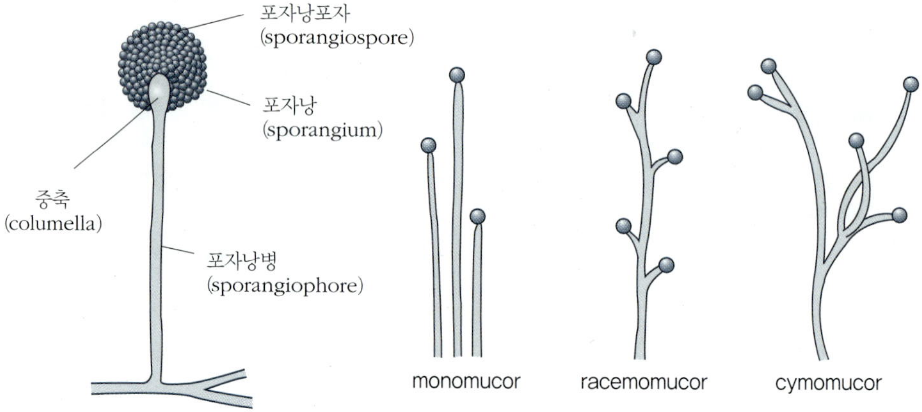


그림 1-7 *Mucor*속의 형태

## (2) *Rhizopus*속(거미줄곰팡이)

*Mucor*속과 비슷하나 포자낭병이 생기는 곳에 가근(假根, rhizoid)이 있다는 것이 다르며 거미줄이 엉켜 있는 것 같은 colony를 만든다.

거미줄곰팡이는 전분당화력, 단백질 분해력, 유산생성능이 강해서 발효공업에 이용되는 종류도 많다. *Rhizopus javanicus*는 알코올발효에, *Rhizopus delemar* 균주는 포도당 제조 시에 사용되는 당화효소glucoamylase 의 생산에 이용되고 있다.

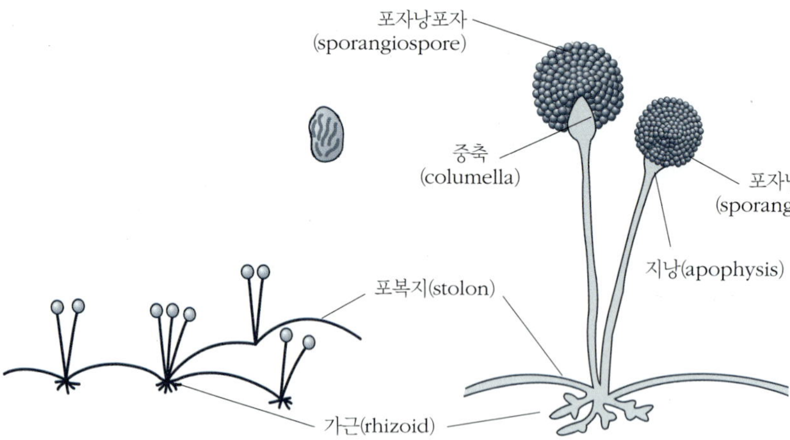


그림 1-8 *Rhizopus*속의 형태

### (3) *Aspergillus*속(누룩곰팡이)

전분 당화력amylase과 단백질 분해력protease이 강한 균주가 많아서 주류를 비롯한 발효공업에 널리 이용되고 있다.

대표 균종은 *Aspergillus oryzae*로 간장, 된장, 청주의 제조에 사용되는 코지koji(麴)곰팡이이며 황국균이라고도 한다. *Aspergillus sojae*는 단백질 분해력이 강해 간장 양조용 코지에 사용되며 *Aspergillus niger*는 흑국균으로 pectinase, amylase, cellulase 등의 효소 제조에 이용된다.

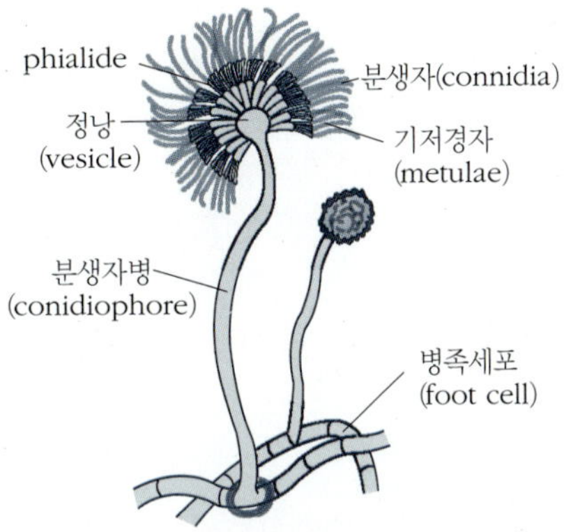


그림 1-9 *Aspergillus*속의 형태

### (4) *Monascus*속(홍국곰팡이)

짙은 분홍색 색소인 monascorbine을 생성하므로 균총은 선홍색이며, *Monascus purpurens*는 중국이나 말레이시아 산지의 쌀에 곰팡이를 번식시켜 홍국(紅麴, ang-khak)이라는 누룩을 만드는 데 이용되고 이것으로 홍주anchu를 담는다.

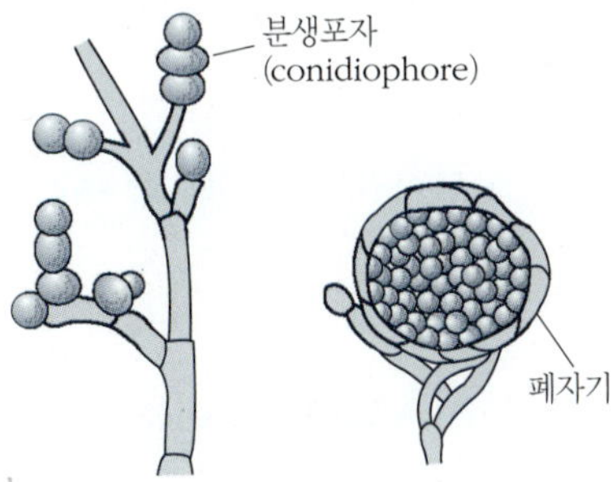


그림 1-10 Monascus 속의 형태

### (5) *Penicillium*속(푸른곰팡이)

자연계에 널리 분포하며 유해한 균종도 많으나 치즈의 숙성, 항생제 페니실린의 생산에 이용되는 유용한 균종도 있다. *Penicillium chrysogenum*은 페니실린의 생산에 이용되는 유용한 곰팡이이며, *Penicillium roqueforti*는 프랑스의 로크포르 치즈roquefort cheese 숙성에 관여하는 곰팡이로 치즈에 청록색 반점을 나타낸다.

이 외 *Penicillium camemberti*는 표면에 곰팡이가 덮여 있는 카망베르 치즈carmenber cheese의 숙성에 관여하는 유용한 균주이다.

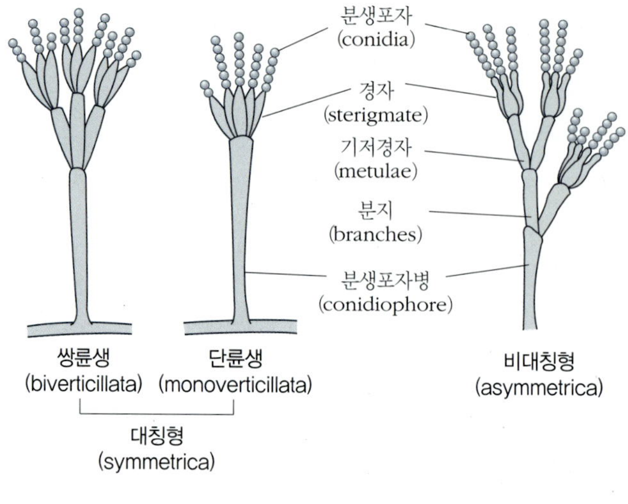


그림 1-11 *Penicillium*속의 형태

## 4) 미생물 발효공업의 범위

발효식품학에서는 장류, 채소발효 식품류 등이 포함되며 최근에는 미생물의 발효에 수반되는 다양한 대사산물의 가능성이 인정을 받아 그 이용이 확대되고 있다.

- 미생물학
  - 순수미생물학
  - 응용미생물학
    - 식품미생물학
      - 발효식품학
      - 공업미생물학
    - 환경미생물학
  - 병원미생물학

# 장류

Chapter 2

1. 메주
2. 된장
3. 간장
4. 고추장
5. 세계의 콩발효식품

# 2

# FERMENTED FOOD

장류는 동 · 식물성 원료에 누룩균 등을 배양하거나 메주 등을 주원료로 하여 식염 등을 섞어 발효 · 숙성시킨 것을 제조 · 가공한 것으로 메주, 한식간장, 양조간장, 산분해간장, 효소분해간장, 혼합간장, 한식된장, 된장, 조미된장, 고추장, 조미고추장, 춘장, 청국장, 혼합장 등을 말한다.

예로부터 우리나라는 음식을 만들 때 간장, 된장 그리고 고추장으로 간을 맞추었다. 장은 한 집안의 음식 맛을 좌우하는 아주 중요한 조미료였다. 그래서 우리 선조들은 장 담그는 날도 신중히 택하였으며 장 담그는 날에는 하지 말아야 할 금기 사항이 있을 정도로 매우 신성시하였다.

"장맛이 좋아야 음식 맛이 좋다", "장맛이 변하면 집안에 우환이 있다" 등의 이야기가 아직까지도 전해오는 것은 우리에게 장이 단순히 기본양념의 개념을 넘어 우리 민족 고유의 정서가 담겨 있기 때문이다. 고문헌에서는 장류를 '쟝' 으로, 간장은 '쟝' , '지령' , '지렁' , '청장淸醬' 이라고 하고, 담는 그릇을 '지령 종지' 라고 하였다. 우리나라는 삼국시대부터 된장과 간장을 먹었고, 조선 후기에 고추가 우리나라로 유입되면서 고추장이 개발되었다. 우리 음식의 기본이 되어 온 장류가 수많은 변화를 겪어오면서 장 담그는 집이 사라졌고 장독대도 온데간데없어지고, 그 대신 공장에서 전통 발효과정 없이 개량식 방법으로 대량 생산되고 있다.

## 1. 메주

### 1) 기원

메주의 역사는 2,000년 이상으로 추정되며, 중국 문헌인 중국 장사長沙에 있는 전한시대의 마왕추묘馬王推墓에서 콩메주인 두시豆豉가 발견되었다. 한반도에서는 『삼국사기三國史記』(신문왕 683년)에 메주豆豉 및 장醬에 대한 기록이 있다. 제조기술에 관한 기록은 이택李澤이 지은 『구황촬요救荒撮要』(명종 9년, 1554년)에서 미장未醬, 末醬이라는 낱말이 나온다. 그 후 일본 문헌에도 자주 나오는데 시豉 또는 미장(ミーショウ 미쇼)이라는 낱말은 일본의 장을 뜻한다. 중국 송나라 손목孫穆이 지은 『계림유사鷄

林類事』(1103년)에서 '장왈밀조醬曰密組' 라는 기록이 나타나고, 조선시대에는 '며조' 혹은 '며주' 라 불렀다.

## 2) 전통 메주 쑤기

### (1) 제법

잘 세척한 콩은 8~10시간 충분히 침지한 후 가마솥에 6시간 정도 찐다. 콩은 손가락으로 눌렀을 때 쉽게 뭉그러질 때까지 찌고 가급적 콩이 식기 전에 절구에 빻고 벽돌 모양으로 성형한다. 방바닥에 짚을 깔고 겉면에 수분이 없어질 정도로 말린다. 그 후 짚으로 잘 싸서 처마 밑에 매달아 두면 자연적으로 곰팡이*Asp. oryzae, Mucor, Rhizopus*나 세균*Bacillus subtilis*이 서서히 증식한다. 메주는 강수량이 적고 청명한 날이 많은 늦가을부터 겨울철에 제조한다.

### (2) 숙성

2~3개월간 자연 숙성시켜 이듬해 음력 정월에 전통 장류를 제조하는 데 사용한다. 메주의 표면적이 건조해서 수분 함량이 낮아 야생곰팡이에 의한 오염이 적고, 내부는 수분 함량이 높아 고초균枯草菌 등이 많이 서식한다. 일본은 강수량이 많고 고온다습한 기후조건 때문에 곰팡이 번식이 왕성하여 황국균을 이용한 '곰팡이 주도형 콩알메주(코지 koji: 국, 麴)' 가 발달하였다.

메주 쑤기 자연 발효 건조된 메주

그림 2-1 | 메주 쑤기 및 발효

### (3) 메주의 발효균

메주는 외부 표면에 착생된 곰팡이에 의해 발효된다. 주로 접합균류인 털곰팡이 *Mucor*, 거미줄곰팡이*Rhizopus*가 주류를 이루고 일부 국麴곰팡이*Aspergillus* group가 있다. 특히 초기 메주에는 수분이 많아 물곰팡이인 접합균류가 서식하기 좋고 발효가 진행되면서 국곰팡이와 흰 포자를 방출하는 *Scopulariopsis brevicaulis*가 착생하여 발효된다. 이들 미생물은 천이과정을 거치고 접합균류가 전통 메주의 후기발효를 유도한다.

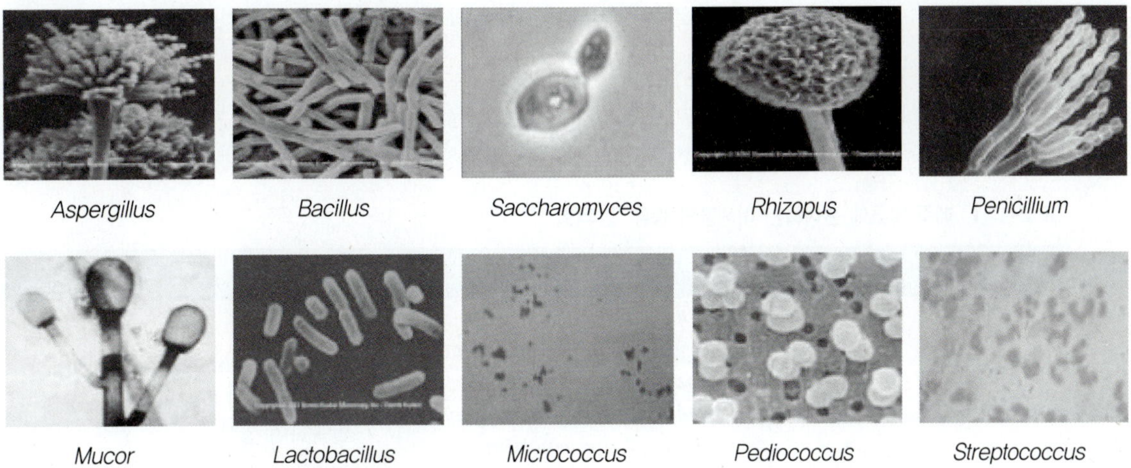


**그림 2-2 | 메주의 발효에 관여하는 미생물**

- 미생물 천이과정 : 메주 발효와 관계없이 미생물이 증식되는 것
- 접합균류Zygomycota : 유성생식을 할 때에 두 개체의 접합을 통해 접합포자zygospore를 만들어내는 데에서 유래. 학명은 '결합'을 뜻하는 그리스어인 'zygos'에서 생김. 상한 음식물에서 빠르게 자라는 균류로, 대개 썩은 과일과 같은 유기물이나 곤충류에 기생. 발효식품을 만들 때 이용.

### (4) 발효 및 숙성

메주를 성형하여 처마밑에 걸어두면 공기 중에 있는 여러 미생물이 부착하여 증식한다. 이때 이들 미생물이 분비하는 여러 종류의 효소에 의해 메주 원료인 콩이 분해된다. 메주 표면에는 *Rhizopus*속, *Aspergillus*속, *Mucor*속 등이 수분활성도water activity 0.75 내외의 호기성 곰팡이가 분비하는 전분분해효소amylase, 단백질분해효소protease, 지방분해효소lipase 등에 의해 분해된다. 또한 내부에는 수분활성도가 0.9 내외의 *Bacillus subtilis*, *B. pumilus* 등이 방출하는 단백질분해효소, 전분분해효소, 지방분해효소 등이 관여한다. 또한 단백질분해효소와 기타 효소가 생성되면서 후기발효 즉 발열반응이 진행된다. 이때 발효균이 어떻게 작용하느냐에 따라 전통 장류의 맛과 향이 좌우된다. 그러므로 '장맛은 메주에 달렸다' 고 할 정도로 우리나라 전통 메주는 장류 제조를 위해 중요한 발효원starter cake이다.

**표 2-1 | 메주 발효에 관여하는 미생물의 종류 및 역할**

| 메주 미생물 | 분포(%) | 종류 | 역할 |
|---|---|---|---|
| 곰팡이류 | 1 | *Rhizopus nigricans, R. chinesis, R. oryzae, R. japonicus, Mucor abundans, M. griseocyanus, M. mucedo, Aspergillus oryzae, Penicillium lanosum, P. kaupscinskii* 등 | • 주로 메주의 표면에만 존재<br>• 메줏덩어리의 갈라진 틈으로 균사가 발육하여 생성 |
| 효모류 | 99 | *Saccharomyces coreanus, S. rouxii, Rhodofoluna flava, Torulopsis datria* 등 | • 메주의 표면 및 내부에 분포<br>• 메주 내부에는 세균만 존재<br>• 강력한 단백질 · 탄수화물 분해효소 분비 |
| 세균류 | 0.01 | *Bacillius subtillis, B. pumilus, Staphylococcus aureus* 등 | • 향미 생성에 관여 |

### (5) 메주의 종류

전통 메주는 용도, 형태, 발효균 및 기능별로 다음과 같이 구분할 수 있다.

#### ① 용도별

간장용, 된장용, 고추장용, 청국장용

② 형태별

벽돌형brick type, 콩알형grain type(알알이형, 알콩형, 낱알형), 도넛형dounuts type, 다공질 라면형porous ramyon type, 국수형noodle type, 캡슐형capsule type

벽돌형 도넛형 콩알형

그림 2-3 | 메주의 형태

③ 발효방법별

자연발효형 메주, 코지형 메주(황국메주, 홍국메주, 캡슐형 버섯메주)

④ 기능별

첨가하는 원료의 기능성에 따라 다르다. 리보플래빈 강화 메주, 혈전용해능 강화 메주 등이 있다.

## (6) 메주의 품질관리

메주의 품질을 관리하기 위하여 다음과 같은 점을 고려해야 한다.

① 건조도

메주 표면은 야생 오염곰팡이의 증식이 억제될 정도로 적절히 건조되어 끈적거림이 없어야 한다. 내부는 수분 함량이 많아 유익한 발효세균이 성장하기 좋은 물렁한 것이 좋다. 특히 메주가 과도하게 건조되면 담금공정에서 염수로 수용성 성분의 용출이 적어져 최종 생산되는 된장의 조직감도 저하된다.

② 발효균 분포도

메주 표면은 흰색을 띠는 접합균류의 유용 곰팡이들이 많이 번식하고, 곰팡이 냄새가 심하게 발생하지 않도록 야생곰팡이(푸른색, 검은색, 붉은색)가 증식되지 않은 것이 좋다. 내부는 발효균이 잘 생육해서 고르게 잘 뜬 것이 좋으며 너무 과도하게 발효되어 검은빛을 띠는 것은 좋지 않다. 그러나 전통 간장용 메주는 된장용보다 발효기간이 길어 정미 성분이 많은 것이 좋다.

③ 색깔

메주 표면의 색깔은 약간 갈색을 띠거나 붉은빛이 있는 황색이 좋고, 메주 내부는 발효가 잘되어 그 절단면이 검붉은 색깔이 좋다. 따라서 최종적으로 메줏가루를 구입할 때에는 잡균오염 및 과도한 발효공정을 거친 검은색이 비치는 메줏가루보다는 밝은 노란색의 메줏가루를 택하는 것이 좋다. 메주의 색깔은 그 발효도를 판단하는 품질지표로서 너무 과도하게 띄우면(발효) 검은색이 나타난다. 반대로 덜 띄우면 원료 증자콩의 색깔과 비슷하게 되어 전통 된장과 간장의 맛을 내는 정미 성분이 부족해져 장맛이 나빠진다.

④ 향기

구수한 향이 나는 메주가 좋다. 메주를 과도하게 발효시켜 검은 진이 나올 때까지 오래 두면, 장류가 검은색을 띠게 되고 쓴맛과 특이한 냄새가 난다.

## (7) 식품공전에서 메주의 유형과 규격

식품공전에는 한식 메주와 개량 메주가 있다. 전통식품 표준규격(농수산물가공산업육성법, 제13조)에 따라 전통 메주의 성상은 고유의 색택과 풍미가 양호하며 이물이 없어야 한다. 수분이 10.0% 이하, 조단백질은 35.0% 이상, 조지방 15.0% 이상, 아미노태질소 110mg% 이상으로 규정하고 있다.

## (8) 식품공전상 메주의 분류

대두를 주원료로 하여 성형하거나, 곡물입자의 형태를 유지하여 발효시킨 것을 말하며 간장, 된장, 고추장 등 장류의 원료로 사용하는 것을 정의하고 있고 2가지 유형으로 나뉜다.

- 한식메주 : 95% 이상 대두를 주원료로 하여 증숙, 성형 발효시킨 것.
- 개량메주 : 85% 이상 대두를 주원료로 하여 곡물 알갱이의 형태를 유지하여 발효시킨 것.



## 2. 된장

### 1) 기원

된장은 처음 중국에서 전래되었고, 이후 중국에서는 고구려인들이 발효식품을 잘 만든다 하여 된장 냄새를 고려취高麗臭라 불렀다. 이는 우리나라가 중국의 장과는 전혀 다른 형태의 장을 만들었다는 것을 뜻한다. 8, 9세기경 장이 우리나라에서 일본으로 전해졌다는 기록이 있다. 1717년 저술된 『동아東雅』에는 고려의 말장末醬이 일본에 와서 그 지역 방언대로 미소 또는 고려장이라고 불렀다고 한다. 조선시대에 들어와서는 장 담그는 법에 대한 구체적인 문헌이 등장한다. 『구황보유방救荒補遺方』(1660년)에 의하면 메주는 콩과 밀을 이용하여 만들었다고 하여 현대 메주와 크게 달랐다. 콩으로 메주를 쑤는 법은 『증보산림경제增補山林經濟』에 기록되어 있으며 오늘날까지도 된장 제조법의 기본을 이루고 있다.

### 2) 된장의 종류

된장은 조선식 된장과 일본식 된장으로 분류된다. 조선식 된장은 전통 간장인 조선간장을 만들 때 부산물로 생산되는 건더기인 막된장과, 메주와 소금물을 이용하여 간장을 만들지 않고 직접 만든 토장으로 구별된다. 그 외에도 속성으로 만드는 막장, 청국장을 가공하여 만드는 담북장, 수분이 많고 속성으로 만드는 된장인 즙장이 있다. 일본된장에는 보통된장과 농가에서 부식으로 이용되는 상미嘗味된장이 있다.

조선식 된장의 특징을 살펴보면 다음과 같다.

■ 재래식 된장(막된장)

재래식 된장은 재래식으로 메주를 쑤어 만든 된장이다. 막된장은 간장을 빼고 난 메줏덩어리를 꺼내어 비벼 소금으로 간을 맞추어 항아리에 넣고 다져 숙성시키면 된다.

■ 토장

재래식 메주를 사용하여 잘게 분쇄하여 소금, 물을 가하여 반죽한다. 일반적으로 물은 메주와 동량 사용하고 소금물의 농도는 15~18% 정도로 맞춘다. 항아리에 담아 45일 정도 숙성시킨다. 이때 콩의 단백질분해효소의 작용에 의하여 콩단백질이 분해되어 아미노산으로 분해되고 내염성 미생물이 증식하면서 이 균에 의해 숙성된다.

■ 막장

토장과 비슷하다. 햇볕이나 따뜻한 곳에서 숙성을 촉진시킨 속성 된장이다.

■ 담북장

청국장에 무나 생강을 넣고 숙성시킨다.

■ 즙장

메주를 콩과 밀기울을 1:2 또는 1:3 정도로 배합해서 만들어 말려서 가루를 낸다. 무, 가지, 배추, 고춧잎 등을 넣고 걸쭉하게 담아서 뚜껑을 덮어 숙성시킨 된장으로 산미가 있다.

■ 기타

그 외 다음과 같은 장들이 있다.

**표 2-2 | 기타 장류의 종류 및 특성**

| 종류 | 특징 |
|---|---|
| 즙장汁醬 | 막장과 유사하며 수분이 많은 형태의 장.<br>밀과 콩으로 쑨 메주를 띄워 채소를 넣어 담금. 경상도 · 충청도 지방에서 담아 먹었던 장. |
| 두부장豆腐醬 | 사찰음식으로 두부를 으깨어 간을 세게 하여 숙성시키고 참깨, 참기름, 고춧가루로 양념한 후 한 달 동안 발효. |
| 생치장生雉醬 | 암꿩의 살코기만 다져 생강즙과 장물로 간을 맞추어 볶아 만든 장. |
| 지례장 | '지름장', '찌엄장' 이라함. 좋은 메주에 김칫국물을 넣어 제조.<br>'우선 지레 먹는 장' 이라 하여 지례장이라 함. |
| 막된장 | 간장을 빼고 난 부산물로 담근 된장. |
| 토장土醬 | 막된장에 메주 및 염수를 혼합하여 숙성시킨 장. |
| 막장 | 토장과 유사한 형태로 수분이 많은 형태의 장. 부재료로 보리와 밀을 띄워 담금. |
| 담수장淡水醬 | 볶은 콩으로 메주를 쑤어 띄워 고춧가루, 마늘, 소금 등을 넣어 익힘. 메주를 쑤어 5~6cm 지름으로 빚어 5~6일 띄워 말려 소금물을 부어 따뜻한 장소에서 7~10일 발효. |
| 생황장笙黃醬 | 삼복 중에 콩과 메밀을 섞어 띄워 담근 장. |
| 청태장淸太醬 | 청태콩을 작은 크기의 메주로 만들어 띄워 만든 장. 햇고춧가루를 첨가함. |
| 소두장小豆醬 | 팥을 삶아 뭉쳐 띄워 콩과 섞어 담근 장. |
| 청국장淸麴醬 | 삶은 콩에 볏짚을 깔고 덮어 40℃ 보온장소에서 2~3일 띄운 후, 고추 · 마늘 · 생강 · 소금으로 간을 하고 절구에 넣고 찧음. |
| 집장 | 여름에 먹는 장의 일종. 7월에 장을 만들어 두엄더미 속에 넣어 두었다가 꺼내어 먹는 장. |
| 비지장批之醬 | 두유를 짜고 남은 콩비지로 담근 장. |
| 무장 | 메주를 쪼개어 끓인 물을 식혀 붓고 10일 정도 재웠다가 그 국물에 소금을 첨가하여 익혀 먹는 장. |

## 3) 제조법

### (1) 조선식 된장 제조

① 항아리 준비

항아리를 깨끗이 씻은 다음 볏짚 또는 한지를 태워 뜨거운 공기와 연기를 항아리 속으로 들여보내 소독한다. 된장이 항아리 주둥이 부근까지 차 있어야 햇볕을 잘 받아서 온도가 균일하게 되어 발효가 잘되기 때문에 너무 큰 항아리는 좋지 않다.

② 메주 세척

메주는 곰팡이와 불순물을 제거한 후 잘게 부수어 볕에 잘 말린다.

③ 염수 준비

장을 담그는 시기에 따라 물과 소금의 비율이 달라진다. 음력 정월장은 소금 3되, 2월장은 4되, 3월장은 5되가 기본이다(1되: 800g).

④ 메주 재우기

항아리에 메주를 넣고 염수에 메주가 잠길 정도로 붓고 잘 눌러두고 30~45일 정도 재운다.

⑤ 메주 풀기

30~45일이 지나 숙성이 되면 메주가 부드럽게 불어난다. 메주를 건져 큰 용기에 옮기고 손으로 주무르면서 풀어준다.

⑥ 된장(숙성)

풀어놓은 메주는 살균된 항아리에 담고 맨 윗부분에 소금을 1cm 두께로 뿌린다. 된장의 상층부를 잘 마무리하여 공기가 들어가지 않도록 누르고 깨끗한 위생비닐이나 랩을 사용해 된장과 밀착시켜 덮고 그 위로 소금을 뿌린다. 이렇게 하면 공기와 접촉이 차단되어 된장의 변색을 막고 곰팡이와 세균의 감염도 예방할 수 있다. 된장독은 모시나 삼베천으로 씌워 이물질이 들어가지 않도록 하여 양지바른 곳에 두고 맑은 날에는 아침부터 뚜껑을 열고 저녁에 닫아가면서 숙성시킨다. 빠르면 2개월부터 먹을 수 있으나 5개월 정도 숙성되어야 된장의 깊은 맛을 느낄 수 있다.

### (2) 개량식 된장 제조

개량식 된장은 일본식 코지koji를 사용한다. 이때 콩으로 만든 코지를 사용하거나 쌀로 만든 코지를 사용한다.

① 코지 만드는 법

■ 콩코지

콩을 삶아서 식힌 후 *Aspergillus sojae* 또는 *Aspergillus oryzae*를 0.5% 접종한다. 30~35℃의 발효실에서 16~18시간 발효시킨다. 열이 나고 흰곰팡이가 생기며 달라붙을 때 잘 저어주어야 한다. 이후 25~33℃의 발효실에서 가끔 저어주면서 72시간 정도 발효시켜 표면에 황록색 균이 퍼지면 꺼내서 건조시킨다.

■ 쌀코지

쌀을 잘 씻어 불린 후 40분간 찐 후 36℃까지 식혀 *Aspergillus oryzae*가 0.1% 되도록 접종한 후 잘 혼합한다. 이것을 32℃의 발효실에서 20~22시간 발효 후 중간에 한 번 뒤집어준다. 이후 26~29℃의 발효실에서 5시간, 36~38℃에서 다시 발효시킨다. 대량생산을 하는 공업용 된장은 대개 쌀코지를 이용한다.

② 담그기

콩코지로 만든 개량식 메주에 소금을 넣고 물을 가하여 잘 섞은 후 항아리에 담는다. 쌀코지를 사용할 때에는 콩을 삶아 쌀코지와 함께 갈아 15% 정도의 소금물을 넣고 반죽한다. 반죽이 끝나면 통에 담고 표면에 소금을 뿌려 나무판자로 꾹 눌러놓고 2개월 정도 숙성시킨다. 숙성이 완료되면 곱게 갈아 100℃에서 20분간 살균 후 포장한다.

## 4) 된장 발효에 관여하는 미생물

된장은 곰팡이와 *Bacillus subtilis* 효모로 발효된다.

### (1) *Bacillus subtilis*(고초균)

된장 발효의 주된 균인 바실러스 서브틸리스균은 된장을 구성하는 미생물이다. 이 균은 '낫토키나아제nattokinase'로 불리는 효소를 생성하여 핏속의 혈전을 용해시키는 능력이 탁월한 것으로 알려졌다.

### (2) *Aspergilus oryzae*(코지균)

코지균은 호기성 균으로 메주의 표면에서 잘 자라고 콩의 단백질과 당을 분해하는 효소이다. 잘 뜬 메주는 유익한 곰팡이인 아스퍼질러스 오리재가 잘 자란 것이다.

### (3) 효모

소금물과 만난 메주는 바실러스 서브틸리스는 거의 사라지고 곰팡이만 남는다. 바실러스 서브틸리스는 콩단백질을 분해하고 없어지며 새로운 효모가 나온다.

주된 효모인 *Saccharomyces rouxii*가 관여하고 *torulopsis*는 숙성 후반에 증식하여 향미성분 생성에 관여한다.

## 5) 된장의 영양성분과 기능성

발효기간이 다른 된장의 영양성분을 분석한 결과 수분 함량은 1년 54.6%, 3년 55.8%, 5년 48.7 %로 감소하였다. 조단백은 1년 14.8%, 3년 14.4%, 5년 14.2%였다. 조지방은 1년 5.0%, 3년 8.1%, 그리고 5년 6.1%였다. 조회분은 15.6%, 8.5% 그리고 18.8%였다. 탄수화물은 1년 10.0%, 3년 13.2% 그리고 5년 12.2%였다. 조섬유소는 1년 3.2%, 3년 3.8%, 그리고 5년 5.7%로 나타났다표 2-2.

**표 2-3 | 전통 재래된장의 숙성기간별 영양성분 변화**

| 성분 | 1년 저장 | 3년 저장 | 5년 저장 |
|---|---|---|---|
| 수분(%) | 54.6 | 55.8 | 48.7 |
| 조단백질(%) | 14.8 | 14.4 | 14.2 |
| 조지방(%) | 5.0 | 8.1 | 6.1 |
| 조회분(%) | 15.6 | 8.5 | 18.8 |
| 탄수화물(%) | 10.0 | 13.2 | 12.2 |
| 조섬유소(%) | 3.2 | 3.8 | 5.7 |
| GABA(mg/kg) | 43.8 | 120.6 | 569.5 |

출처 : 조성진 외. 한국식품영양과학회지 제40권 제4호

된장의 기능성은 콩의 발효과정에서 생성되는 물질에 의한 것이다. 대두의 기능성 성분은 이소플라본, 사포닌, 트립신저해제tripsin inhibtor, 올리고당, 스테롤sterol 등이다. 전통 된장은 숙성기간이 증가함에 따라 맛과 풍미가 향상되고, 콩의 주요 성분에 대한 생체이용률이 증가한다고 알려졌다. 콩의 유용성분 중 하나인 isoflavone은 발효가 진행되면서 glucoside 형태인 genistin, daidzin, glycitin이 각각 효소 및 미생물의 작용에 의해 생체이용률이 높은 aglycone 형태의 genistein, daidzein, glycitein으로 전환된다.



## 6) 된장의 효능

최근 된장에 대한 과학적 연구가 증가하고 활발해지면서 된장의 효능에 대한 관심이 높아지고 있다.

- 항암 효과
  발암물질인 NQO, MNNG, nitrosoamine, benzopyrene 등으로 암을 유발시킨 쥐에게 된장을 투여한 결과 암조직 무게를 80% 정도 억제시킨 것으로 보고되었다.

- 간기능 강화
  재래된장 섭취 시 간독성 지표인 아미노기 전이효소의 활성을 저하시켜 간기능을 강화시킨다.

- 고혈압 예방
  된장에 함유되어 있는 히스타민과 류신은 혈압을 저하시킨다. 된장 속의 미생물은 혈전 덩어리를 잘 분해시킨다. 또한 혈관 속의 콜레스테롤을 제거하여 혈관을 탄력 있게 해준다.

- 항산화 효과 및 노화억제
  된장 속의 항노화 작용을 하는 물질은 황색 색소인 dfaidzein 및 daidzin을 비롯한 isojlavin류이다. 또한 된장 발효과정 중 생성된 아미노산류와 당류의 반응으로 생성된 멜라노이딘melanoidine은 항산화 작용을 하며 지질의 산화를 억제한다.

- **노인성 치매 예방**

  콩 속의 레시틴lecithin은 뇌 기능 향상 효과가 있다. 사포닌saponin은 기능성 물질로 혈중 콜레스테롤 농도를 낮추고 노화 및 노인성 치매를 예방한다.

- **골다공증 예방**

  대두에 함유되어 있는 이소플라본은 항암, 골다공증 예방을 하는 유용 생리활성물질이다. 전통 발효식품인 된장은 생체 이용성이 우수한 형태인 이소플라본 아글리콘isoflavone aglycone의 좋은 공급원이다.

## 7) 기타 기능성 된장

기능성 장류는 원재료비가 많이 들고 소비가 적어 가격대가 높다는 단점이 있다.

- **꿀된장**

  물엿, 조청, 인공감미료 대신에 꿀을 첨가한 된장으로 비타민 $B_1$, 비타민 $B_2$, 니코틴산, 비타민 C 등이 추가되어 맛과 영양이 풍부하다.

- **냄새 없는 된장**

  게르마늄수 간장 제조 후 건져낸 메주에 메줏가루와 밀가루를 혼합해 으깬다. 게르마늄수로 제조한 막걸리와 간장을 혼합해 된장에 섞은 후 옹기에 넣고 60일간 숙성시킨다. 이때 20°C 정도의 온도를 유지한다.

- **구기자된장**

  메주를 만들 때와 된장이 발효 숙성할 때 구기자를 첨가해 만든 된장이다.

# 3. 간장

식품공전에 의하면 간장은 단백질 및 탄수화물이 함유된 원료로 제국하거나 메주를 주원료로 식염수 등을 섞어 발효한 것과, 효소분해 또는 산분해법 등으로 가수분해하여 얻은 여액을 가공한 것이다. 간장은 콩을 주원료로 단백질과 아미노산이 풍부한 발효식품으로, 불교의 보급과 더불어 육류의 사용이 금지됨에 따라 단백질 보충을 위해 만들었다. 간장의 어원은 '간'은 소금기의 간기-氣, 즉 짠맛이란 뜻이다.

## 1) 기원

간장은 조선말경 『규합총서閨閤叢書』에 '지령'이라 표기되어 있고, 서울말로 '지렁'이라 하였는데, 그 어원은 아직 밝혀지지 않았으나 『훈몽자회訓蒙字會』의 고어인 '간쟝'과 함께 사용되어 온 듯하다. 간장은 부종이 일어나지 않게 하고 기력을 유지하는 데 효과가 있다. 『구황촬요救荒撮要』와 『구황절요救荒切要』 등 구황식품서에도 콩 대용으로 콩잎을 이용한 흉년기의 장 제조법이 자세하게 기록되어 있다. 개화기 이후 일본식 간장과 된장이 도입되었고, 간장 제조회사가 1930년대에 처음 설립되었다. 간장에는 원료와 제조방법 및 발효미생물에 따라 크게 조선식 간장, 일본식 간장 또는 어간장으로 구별된다 표 2-4 .

**표 2-4 | 간장의 원료에 따른 분류**

| 분류 | 원료 | 발효미생물 | 종류 |
|---|---|---|---|
| 조선식 간장 | 콩(대두) | *B. subtilis* | 재래간장 |
| 일본식 간장 | 콩, 전분질 | *Asp. oryzae* | 양조간장, 다마리장유, 혼합장유 |
| 어간장 | 어체, 내장 | 단백질분해효소 | 어간장, Patis(필리핀), Budu(말레이시아) 등 |

## 2) 간장의 분류

### (1) 조선식 간장

① 메주 제조

콩은 8~10시간, 찹쌀은 5~6시간 침지해서 물을 뺀다. 콩을 시루에 넣고 익힌다. 일단 익힌 콩을 불린 쌀과 혼합해서 시루에서 다시 찐다. 증숙이 끝난 것은 가급적 식기 전에 절구에서 거칠게 찧고 크게 뭉쳐서 발효실에서 볏짚을 깔고 그 위에 늘어놓고 수일간 말린다. 겉면이 꼬들꼬들하게 마르면 짚으로 달걀을 싸듯이 5~6개씩 길게 싸서 처마 밑에 매달아두면 고초균, 털곰팡이, 거미줄곰팡이, 황국곰팡이 등이 서서히 증식한다.

② 담금 · 숙성

전통 된장 제조 시의 여액을 이용한다.

③ 여과와 달임

숙성 후에 액체(간장)와 고형물(메주)을 분리하는 작업을 가르기(여과)라고 한다. 메줏덩어리를 건져내고 항아리 바닥에 침전된 메주 부스러기를 체로 밭쳐서 분리한다. 달이지 않은 간장은 생간장으로 각종 효소나 미생물이 잔존해 있다. 생간장의 저장성을 높이고 풍미와 색깔을 향상시키기 위해서 10~20분 정도 가열한다. 간장을 달인 뒤에는 호기성 균이 점차 감소한다.

④ 조선식 간장에 관여하는 미생물의 역할

조선식 간장덧의 숙성 중에 관여하는 미생물로는 호기성 균인 *Bacillus*속과 내염성 젖산균 및 내염성 효모류가 있다. 이 중에서 내염성 젖산균과 내염성 효모는

**표 2-5** | 조선간장 중의 미생물의 역할

| 호기성 세균 | 내염성 젖산균 | 내염성 효모 |
|---|---|---|
| *Bacillus subtilis*<br>*B. pumilus*<br>*Micrococcus caseolyticus* | *Pediococcus halophilus*<br>*Lactobacillus casei*<br>*L. plantarum*<br>*Leuconostoc mesenteroides* | *Zygosaccharomyces rouxii*<br>*Sacch acidofaciens*<br>*Torulopsis dattila* |

간장의 독특한 풍미 형성에 관여한다. 젖산균은 *Pediococcus halophilus, L. casei, L. plartarum, Leuc. mesenteroides* 등이 있다. 효모는 *Zygosaccharomyces rouxii, Sacch acidofaciens, Torulopsis dattila* 등이 관여한다 **표 2-5** .

젖산균과 호기성 세균 및 효모는 숙성과정 중 증가하는데, 호기성 균은 3주째에, 젖산균은 4주째에, 그리고 효모는 7주째에 최고조로 증가하였다가 점차 감소한다. 간장덧의 젖산균과 호기성 균 및 효모는 숙성 중에 증가했다가 감소하고 살균 후에는 젖산균과 효모는 거의 사멸한다. **그림 2-4**

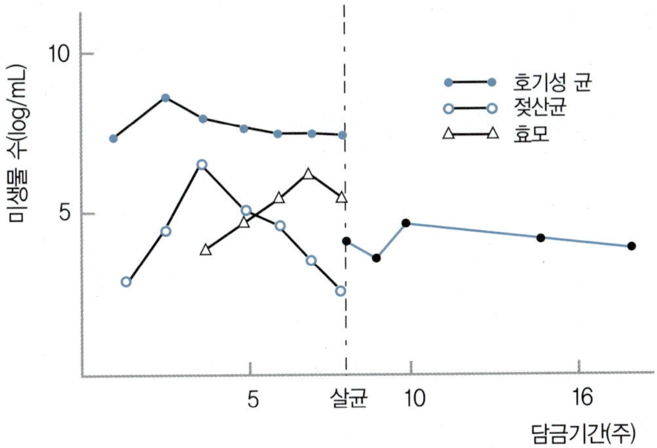


**그림 2-4** | **숙성기간에 따른 조선간장 중 미생물의 변화**

### (2) 일본식 간장(양조간장)

일본식 간장 또는 양조간장의 제조공정은 원료처리, 발효 및 제성공정으로 구분할 수 있다. 원료는 대두와 밀을 사용하며, 발효제로서 코지와 발효숙성과정에서 추가로 접종되는 *Ped. soyae*와 *Zygosacch. rouxii*다. 숙성된 간장덧은 여과하여 고형분과 액상으로 분리한 후 가열처리공정을 거친다. 일본에서 많이 생산되는 또 다른 간장은 타마리tamari 형태로서 주로 콩이 원료이며 일부 밀을 사용하여 제조하는 일종의 중국간장(중국에서 전해진 방식 그대로 만든 간장)이라고 할 수 있다. 일본 간장의 주원료는 대두, 탈지대두, 소맥, 식염 등이며, 부원료는 밀기울, 쌀, 캐러멜 색소 등이다.

① 원료의 처리

■ 콩 · 탈지대두의 처리

콩을 증자하는 이유는 미생물에 의한 콩단백질의 분해작용이 쉽게 이루어지도록 하는 것이다. 콩단백질 변성은 분자의 2-3차 구조가 증자 및 가열 등에 의해 파손되어 분해되고 폴리펩티드polypeptide 사슬이 풀어진 상태로 된다. 콩이 변성이 안 되면 단백질은 프로테아제protease의 작용을 받기 어렵다. 증자를 했어도 변성이 제대로 안 되었으면 간장 제조 시 양조 중 콩단백질 표면의 친수성 아미노산은 국균효소로 분해되지만 내부의 소수성 아미노산은 분해되지 않고 고분자로 남아 있다. 이렇게 되면 간장을 희석하여 가열할 때 단백성 혼탁의 원인이 된다.

■ 밀의 처리

밀의 처리 목적은 밀전분을 $\alpha$화하여 국균인 아밀라아제amylase의 작용이 쉽게 이루어지도록 하고 밀의 수분을 제거하기 위해서이다. 이때 콩의 표면 중 수분이 조절되며 곰팡이가 생성되기 쉽다.

② 제국

간장 제조를 위한 제국koji making은 증자된 대두 또는 탈지대두와 할쇄한 소맥을 혼합하고 종균을 접종한 후 국실 내의 온도와 습도를 적절히 관리하면서 국균을 증식 배양한다. 이때 단백질과 탄수화물을 가수분해하기 위해 가수분해 촉진용 효소의 생성을 증가시킨다.

■ 국균

주로 사용되는 균주는 *Asp. oryzae*와 *Asp. sojae*이다. 국균 *Asp. oryzae*는 프로테아제 활성이 강해 발효온도가 25℃의 저온에서 5일 만에 높은 단백질 분해효소의 활성을 나타낸다. 또한 *Asp. oryzae*는 산성과 알칼리성에서 활성을 나타내는 7종의 프로테아제를 생산하면서 단백질을 효과적으로 분해시킬 수 있는 한편, 아밀라아제를 생성할 수도 있는데 그 온도는 35℃가 좋다. 간장 코지koji는 저온에서 제국을 하는 것이 좋으며, 50시간 전후에 프로테아제 생성이 최고조에 달한다.

■ 종국seed koji

선택된 국균을 증자된 쌀, 보리쌀, 좁쌀 등에 접종하여 최적생육온도에 배양하며 배양된 종국은 수분 5~8% 내외로 저온 건조한다. 간장용 종국은 보통 3 $\times 10^9$/g의 포자를 함유하고, 이 중 80% 정도는 활성이 유지되어야 한다. 종국의 사용량은 원료 대비 0.1~0.2% 정도가 적당하다.

■ 제국공정

증자한 탈지대두와 할쇄한 소맥은 원료 용량으로 5:5 또는 6:4의 비율로 혼합한다. 그 후 국실에서 20시간 전후로 배양 시 국균은 발아하고 품온은 상승한다. 이때 품온의 상승을 조절하면서 입국 후 72시간에 출국한다. 코지 제조과정 중 원료의 전체 질소 함량은 거의 변화가 없으나, 전체 탄수화물 함량은 25% 정도가 감소한다.

### 제국법

제국 방법에는 거적국법, 상자국법, 기계제국이 있다. 중소 공장에서는 국실에 의한 제국이 일반적이고 대규모 공장에서는 기계제국을 한다. 국실은 온도, 습도 및 환기조절이 용이해야 하며 조작이 간편하고 살균을 완전히 할 수 있는 구조여야 한다.

거적국법은 가장 고전적인 방법으로 간단하나 양질의 코지를 얻기 위해서는 부적합한 방법이다. 증숙해서 냉각된 원료를 국실 내의 거적 위에 옮기고 종국을 잘 혼합하여 일정 두께로 분산시켜 37℃ 이하의 온도에서 4일 동안 발효시킨다. 이렇게 제조된 코지를 4일국이라고 한다.

상자국법은 개량된 방법으로 국실 내에서 국상자를 이용하여 실시하며, 이들 상자에 종국과 혼합된 원료를 담아서 제국한다. 온도조절이 거적국법에 비해 용이한 장점이 있다.

기계제국법은 통기 조절과 품온 조절이 용이하여 좁은 면적에서도 효율적으로 강력한 프로테아제를 갖는 코지를 만들어 원료의 이용률을 높이고 잡균의 오염도 방지할 수 있다. 기계제국은 통기량과 온도를 조절하면서 3일국 또는 4일국으로 띄우고 제국과정 중 품온 변화를 27~31℃ 범위로 한다.

### 코지 중의 미생물

Koji 중에는 다수의 *Bacillus*균과, 호기성 및 혐기성 세균이 존재한다. *Bacillus*균은 Koji pH의 상승이 크고 *Pediococcus sojae*는 젖산을 생성하기 때문에 pH를 저하시킨다. 그리고 기타 균주들은 거의 pH의 변화가 없다. 세균 중에는 간장의 혼탁을 일으키는 것이 있으므로 주의해야 한다. Koji 중 산막효모는 간장덧 표면과 생간장의 저장 중에 흰곰팡이를 생성시키는 원인이 되므로 산막효모의 생육은 좋지 못한 영향을 끼치게 된다. 제국 중에 생육하는 이들 효모 대부분은 식염농도 0~10%에서는 잘 생육하나, 15~18%에서는 생육이 거의 억제된다.

③ 담금

원료 담금 시 –5℃의 염수를 사용하면 산을 생성하는 균의 생육이 억제되어 간장덧의 pH 저하가 지연되고 단백질분해효소의 활성이 유지되면서 질소이용률을 향상시킬 수 있다. 대두단백질은 코지균의 프로테아제 활성에 의해 90% 정도는 수용성으로 60%까지는 아미노산으로 분해된다. 식염의 농도가 낮으면 전질소 및 아미노질소의 용출이 좋고 발효가 양호해서 잔당이 적게 되며, 색은 짙어지고 산미를 띠게 된다. 반대로 식염의 농도가 높으면 코지의 효소작용을 억제시켜 단백질이 아미노산으로 전환되는 데 영향을 준다. NaCl 23.2~24.6%의 염수를 사용하며, 최종 간장덧의 염 농도는 16.5~18% 정도가 적당하다.

④ 숙성

간장덧 중의 효모와 세균이 분비하는 효소가 작용하면서 숙성되어 복잡한 생화학적 변화가 일어나 맛과 풍미가 향상된다. 전통적인 발효는 자연적 상태에서 1~3년 동안 계속 숙성되어 색과 맛이 더욱 짙어진다.

**간장덧의 관리**

담금 직후에는 코지가 식염수에 잘 분산되도록 매일 한 번씩 교반하며, 후기에는 2~3일에 한 번씩 교반시키면서 6~12개월간 숙성시킨다. 덧을 교반하는 목적은 효소의 용출을 용이하게 하여 숙성을 촉진시키며, 간장덧의 온도를 균일하게 하고, 공기를 공급함으로써 발효미생물들을 정상적으로 활동하게 하기 위함이다.

**간장덧의 생화학적 변화**

간장덧의 초기 pH는 6.5~7.0이다. *Asp. oryzae*와 젖산균에 의해서 pH 4.8~5.0으로 감소하며 이때 효모에 의한 발효가 시작된다.

⑤ 압착 및 여과

발효된 간장덧은 수압 필터 압착기에서 2~3일간 압착시킨다. 이때 간장덧의 수분 함량은 25~30% 정도가 바람직하다.

⑥ 제성

간장덧으로부터 압착하여 얻은 생간장의 성분을 조정하고 살균처리를 한다. 일본간장의 간장덧은 점조성의 콜로이드colloid 물질을 다량 함유하여 조선간장과는 매우 다른 성상을 띤다.

⑦ 조합과 달임

생간장의 맛을 표준화하기 위해 설탕, 캐러멜 등 부원료를 첨가하거나 또는 산분해 간장의 일부를 혼합하여 전체 질소 함량을 조절하는 것을 조합이라 한다. 생간장에 잔존하는 효소에 의해 생화학적 변화가 일어날 수 있는데 이때 맛, 색깔, 풍미 등에 영향을 준다.

간장 달임은 생간장 중에 존재하는 효소를 파괴하고 미생물을 살균하는 동시에 향기와 풍미를 조화시키고 청징화clarification하여 품질을 향상시킨다. 열처리는 밀폐식 열교환기에서 60~70℃ 온도에서 10분 정도로 하면 잔존 효소는 파괴된다. 그러나 완전한 보존성을 위해서는 85℃에서 20~30분간 가열한다. 달임 후 간장의 색은 짙어지고 보존성은 향상된다.

⑧ 제품화

달임 후 즉시 냉각해야 알코올이나 휘발성 성분의 손실을 최소화한다. 달임과정에서 불용성 단백질 침전물은 규조토에 의해 여과되어 제거된다. 또한 *Pichia*, *Hansenula* 등의 산막효모에 의해 발생할 수 있는 품질 저하를 방지하기 위해서 합성보존제로 안식향산 등이 사용된다. 최근에는 여과 후 살균을 한외여과공정으

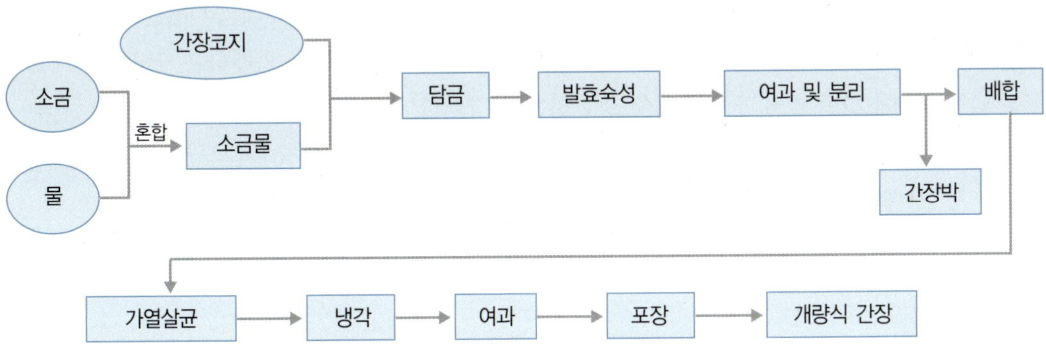


그림 2-5 | 개량식 간장의 제조공정

로 처리함으로써 장유에 잔존하는 효모, 세균, 미분해 단백질, 불순물 등을 제거하여 맛과 향이 대폭 향상되었다. 또한 세균에 의한 안전성 확보 및 침전물질의 제거로 맑고 투명한 간장의 제조가 가능해졌다.

### (3) 산분해간장

산분해간장은 아미노산간장 또는 화학간장이라 한다. 콩단백질이나 밀단백질인 글루텐$_{\text{gluten}}$을 염산으로 가수분해한 후 알칼리로 중화하여 농축한다.

원료는 지방 함량이 적은 탈지대두 또는 글루텐에 염산으로 가수분해를 한 후 중화와 여과공정을 거쳐 탈취한다.

산분해간장의 분해용 용기는 염산에 부식이 없는 재질을 사용한다. 단백질 원료와 염산의 비율을 조정하여 염산 농도가 18% 정도가 되도록 한다. 분해액은 중화조에 옮기고 가성소다로 중화하여 pH는 4.8~5.2 정도로 조정한다. 중화된 액은 압착 여과하여 장유액과 고형분을 분리시킨다. 산분해간장의 분해취를 억제하기 위해서 분해온도를 80℃ 내외로 하고 60~70시간 분해시킨다.

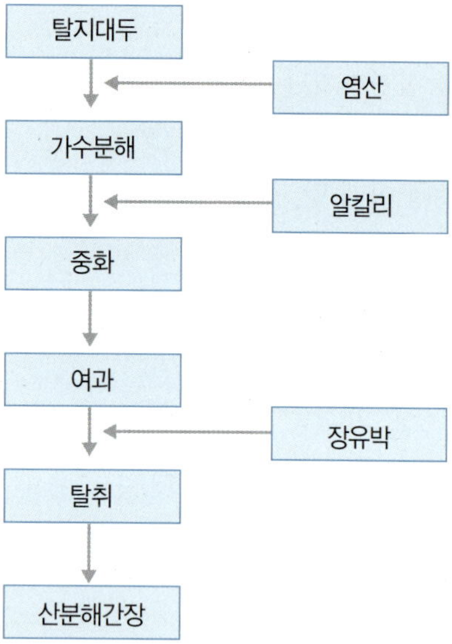


**그림 2-6 | 산분해간장 제조**

### (4) 어간장

어간장은 청어나 멸치와 같은 어체에 소금을 '2.5~3.0 : 1'의 비율로 혼합한 후 발효조에서 180~365일 정도 발효시키며, 이때 어체에 존재하는 단백질분해효소에 의한 발효과정을 거쳐 생산하는 간장이다.

염 농도가 높기 때문에 미생물 작용은 미미하나 단백질 가수분해에 의해 총 질소 함량이 증가한다.

### (5) 효소분해간장

단백질 또는 탄수화물을 함유하는 원료를 사용하여 단백질분해효소를 사용하여 가수분해한 후 그 여액을 가공한다. 제법은 양조간장과 같은 방법으로 제조한 간장덧을 2~3일간 −5~5℃에서 냉염 침지한 후 간장덧에 효소를 첨가한 후 잘 혼합한다. 이를 35~40℃에서 2~3일 간 배양한 후 냉염 침적시켜 숙성한 여액을 가공한다.

### (6) 혼합간장

양조간장과 산분해 간장을 5:5 또는 6:4의 비율로 혼합한 후 6개월 정도 숙성시킨다. 여과 후 살균 과정을 거친다.

## 3) 간장덧 중 미생물의 작용

간장 양조에 필요한 미생물은 국균, 효모, 젖산균이다.

국균의 역할은 제국 중에 생성된 효소로 대두나 소맥 중의 단백질과 전분질을 분해하여 가용성이 되게 한다. 그 외에는 국균은 간장덧에 포자의 상태로 일정 기간 남아 있다.

효모는 주로 내염성으로 *Zygosaccharomyces rouxii*가 주동적으로 간장덧에서 생육하며, 당류를 발효하여 알코올과 향기성분을 생성한다. 그 밖에 *Candida*속, *Debaryomyces*속, *Nadsonia*속, *Torulopsis*속 등이 발견되나, 이들의 분포와 그 수는 원료 또는 발효장소에 따라 다르게 나타난다.

이들 효모는 간장덧의 숙성이나 향기 생성에 중요한 역할을 하기도 하나 *Hansenula*와 *Pichia*와 같은 균은 산막을 형성하여 향미를 저하시키는 유해균이다.

젖산균은 내염성 균으로 *Pediococcus sojae*가 주요 균이고, 이들은 생육하며 온화한 산미의 젖산을 생성하여 간장의 pH를 적당하게 유지시키고, 또 일반적인 유해 미생물의 증식을 억제하는 역할을 한다. 그 외의 젖산균으로는 *Streptococcus faecalis* 등이 있다. 비내염성 젖산균도 1개월까지는 다수 존재하나, 그 후에는 급격히 사멸하여 감소한다.

발효과정 중 산과 알코올은 에스테르ester를 형성하여, 간장의 독특한 향기성분을 생성한다.

### 4) 간장의 영양성분

메주 중 질소화합물, 즉 단백질태질소, 수용성 질소, 아미노태질소 및 암모니아태질소가 있는데, 이 질소화합물이 간장제조 및 숙성과정 중에 용출된다. 메주의 총 질소 중 수용성 질소는 13~19%인데 프로테아제의 작용으로 간장 숙성과정 중 66~79%로 증가한다. 간장의 구성성분은 종류에 따라 다르다. 국내에서 소비되고 있는 재래간장, 개량간장, 아미노산간장의 일반성분은 표 2-6 과 같다.

**표 2-6** | 재래 · 개량 · 아미노산 간장의 일반성분

| 항목 | 재래간장 | 개량간장 | 아미노산간장 |
|---|---|---|---|
| 비중 | 1.202 | 1.184 | 1.185 |
| 염분(%) | 26.3 | 18.1 | 16.4 |
| 총 질소(%) | 0.58 | 1.51 | 1.80 |
| 아미노태질소(%) | 0.54 | 0.91 | 0.87 |
| 총당질(%) | 1.23 | 4.40 | 3.57 |
| 환원당(%) | 0.83 | 2.69 | 2.25 |

**표 2-7** | 양조간장과 산분해간장의 총질소 및 유기산 함량

| 성분 | 양조간장 | 산분해간장 |
|---|---|---|
| 총질소 | 1.540 | 2.220 |
| Butyric acid | 1.03 | 4.30 |
| Isobutyric acid | 0.66 | 1.20 |
| Propionic acid | 11.89 | 2.64 |
| Levulinic acid | 172.28 | 1244.51 |
| Acetic acid | 157.92 | 122.54 |
| Pyruvic acid | 8.81 | – |
| Formic acid | 26.13 | 287.80 |
| $\alpha$-Ketoglutaric acid | 1.68 | 4.67 |
| Succinic acid | 77.15 | - |
| Lactic acid | 1175.25 | 29.53 |
| Pyroglutamic acid | 8.81 | - |
| Glycolic acid | 18.32 | 4.16 |
| Malic acid | 4.21 | 3.28 |
| Citric acid | 7.49 | 25.27 |

출처 : Ueda et al(1958), Studies on the organic acids in soy sauce.

간장 숙성과정 중 미생물의 작용에 의해 당질이 분해되어 유기산이 생성된다. 조선간장의 비휘발성 유기산 중 가장 많은 것은 젖산이며, 그다음이 호박산이다. 양조간장도 젖산이며, 산분해간장은 레불린산levulinic acid이다.

조선간장과 일본간장의 아미노산 함량은 **표 2-8** 과 같다.

조선간장은 tyrosine과 cystine이 일본간장은 methionine과 tyrosine, cystine 함량이 높다.

**표 2-8 | 조선간장과 일본간장의 아미노산 함량**

| 아미노산 | 조선간장 | 일본간장 |
|---|---|---|
| methionine | 0.78 | 1.18 |
| Phenylalanine | 0.66 | 0.50 |
| tyrosine | 1.40 | 1.15 |
| arginine | – | – |
| triptophan | – | – |
| histidine | 0.16 | 0.46 |
| cystine | 1.09 | 1.22 |

## 5) 간장의 기능성

간장의 주요 아미노산인 메티오닌methionine은 생체 내 간의 해독작용을 촉진하고 유해물질을 없애준다. 또한 알코올과 니코틴의 해독 효능이 있어 술과 담배의 해를 줄여준다. 간장 중의 레시틴은 콜레스테롤을 용해하여 동맥경화증을 예방한다. 혈압을 낮춰주며 정장작용을 돕고 혈관을 부드럽게 하여 혈액을 맑게 한다. 또한 비타민의 체내 합성을 촉진하고 칼슘 및 인 대사를 조절해 주어 치아와 뼈세포를 견고하게 해준다.

## 6) 간장의 품질관리

간장을 물에 떨어뜨리면 아래로 내려갔다가 퍼져 흐르는 것이 좋은 것이고 떨어트리자마자 확 퍼지면 좋지 않은 간장이다. 간장은 공기와 접촉하거나 온도가 높아지면 맛과 색이 변질되므로 사용 후 곧바로 뚜껑을 닫아 햇볕이 들지 않는 서늘한 곳에 보관한다.

## 4. 고추장

식품공전에서 고추장은 두류 또는 곡류 등을 제국한 후 덧밥, 고춧가루(6% 이상), 식염 등을 혼합하여 발효 숙성시켜 제품화한 것을 말한다. 찹쌀, 쌀 또는 보리 등을 첨가하여 제조하는 고추장은 첨가량이 각각 15% 이상이어야 한다. 특히 고추장은 고춧가루의 매운맛, 메줏가루의 구수한 맛을 낸다. 엿기름은 당화를 촉진하고 찹쌀 · 멥쌀 · 보리쌀은 단맛을 내는데, 이들의 재료들이 서로 어우러져 발효되는 과정에서 조화를 이루어 고추장 특유의 맛을 낸다.

### 1) 기원

고추는 임진왜란(1592년)을 전후로 일본에서 우리나라로 유입되어 초기 이름도 '왜개자倭芥子' 라고 하였고 귀한 식품이라 하여 '번초', '약초'라 불렀다. '고추' 라는 이름은 후추와 비슷하면서 맵다 하여 '매운 후추' 라는 의미에서 유래되었다.

고추장에 대한 최초 기록은 조선 중기의 『증보산림경제』에 기록되어 있다. 고추장은 장과 같은 형태로, 고추장의 맛을 좋게 하기 위해 말린 생선, 곤포昆布(다시마) 등을 첨가한 기록이 있다. 『수문사설謏聞事說』(1740년) 중 식치방에 '순창 고추장 조법' 이 있는데 곡창지대인 순창 지방의 유명한 고추장 담금법으로 전복 · 큰 새우 · 홍합 · 생강을 첨가하였다는 기록이 있다. 이렇게 제조된 순창 고추장은 옛날부터 임금님께 진상하였다. 『역주방문歷酒方文』의 고추장 담금법은 보리쌀을 섞고 청장을 이용하여 간을 맞추는 방식이었다. 『규합총서閨閤叢書』(1815년)에 기록된 고추장은 좀 더 진보된 형태로서, 고추장메주를 따로 만들어 담그는 방법과 소금으로 간을 맞추는 방법 등 현재의 고추장 담금법과 유사한 방법이 소개되었다.



### 2) 재래식 고추장과 개량식 고추장

고추장은 크게 전통 재래방법으로 제조되는 재래식 고추장과 코지를 만들어 제조되는 개량식 고추장으로 분류된다. 재래식 고추장에서 관여 미생물은 *Mucor, Rhizopus, Aspergillus* 등의 야생곰팡이와 *Bacillus subtilis* 등의 세균이다. 코지 고추장은 황국균인 *Aspergillus oryzae*를 순수 배양하여 사용한다.

#### (1) 고추

① 고추의 특성

고추장 제조 시 적합한 고추의 색은 매운맛과 더불어 매우 중요하다. 고추의 색소 성분은 공기 중의 산소에 의해서 흑색으로 변하며 분쇄된 고춧가루는 햇빛에 의하여 퇴색되기도 한다. 고추장 제조용의 고추는 일광 건조한 것이 자연 건조한 것보다 좋다. 고추 중 적색색소의 주성분은 캡산틴capsanthin으로 지방산과 결합하여 존재하는데, 대부분이 고추 과피에 들어 있고 종실에도 소량 들어 있다. 캡산틴은 고추장의 색택을 결정짓는 데 가장 중요한 화학성분이다.

② 고추의 건조와 분쇄

고추장용 고춧가루의 분쇄에 가장 적합한 수분 함량은 13~14% 정도이다. 열풍 건조 시 40~50℃가 고춧가루 품질에 손상을 주지 않아 가장 적합하며, 건조 후 30~50mesh로 분쇄한다.

고추씨와 과피를 동시에 분쇄하는 것이 일반적이나, 색상을 고려하여 씨를 빼는 경우도 있다. 그러나 씨에도 영양적으로 우수한 성분이 다량 함유되어 있으므로 함께 분쇄하는 것이 바람직하다.

③ 전분질 원료

찹쌀은 고추장의 전분질 원료 중에 가장 선호도가 높다. 찹쌀을 이용한 고추장을 찹쌀고추장이라 한다. 찹쌀 대신 멥쌀이나 밀가루를 사용하기도 하고, 보리를 사용하기도 하는데 색상이나 맛에서 찹쌀보다 좋지 않다.

④ 소금

오래 묵혀서 간수가 잘 빠진 것을 사용하는 것이 좋다.

**표 2-9 | 전분질 원료에 따른 고추장의 분류**

| 종류 | 방법 |
|---|---|
| 찹쌀고추장 | 찹쌀가루를 경단처럼 빚어서 끓는 물에 삶아 방망이로 두드리며 풀어서 고추장용 메줏가루와 고춧가루를 넣어 간장과 소금으로 간한다. |
| 보리고추장<br>(엿기름은 쓰지 않는다.) | 보리쌀을 가루로 빻아 물을 조금 넣고 시루에 찐 후 물을 조금씩 부어 되직하게 한다. 시루에 담은 후 따뜻하게 하여 보리가 하얗게 뜨면 고춧가루, 메줏가루, 소금을 넣고 섞는다. |
| 엿고추장 | 엿기름 1되에 물을 붓고 주물러서 체에 거른다. 쌀 1말은 불려서 찐 후 엿기름물에 풀어서 삭으면 불에 올려서 엿처럼 달인다. 식힌 후 고춧가루와 메줏가루를 넣어 버무리고 간을 맞춘다. |
| 밀가루고추장<br>(가장 일반적인 고추장) | 밀가루를 엿기름물에 풀어서 두었다가 삭힌 후 메줏가루, 고춧가루, 소금을 넣어 간을 맞춘다. |
| 고구마고추장 | 엿기름물에 삶은 고구마를 넣어 삭힌 후 베보자기에 넣고 짠 다음 조려서 식힌다. 식으면 고춧가루와 메줏가루를 넣고 소금으로 간을 한다. |

### (2) 재래식 고추장

① 메주 만들기

메주를 만드는 시기는 일반적으로 가을이며 고추장을 담그는 시기는 이듬해 음력 2~3월경이다. 고추장메주의 발효기간은 6~7개월이다. 고추장메주의 품질은 독특한 고초균 냄새 외에 신 냄새나 썩은 냄새가 나지 않아야 하고 표면에 푸른곰팡이(*Penicillium*속)가 생기지 않아야 한다. 내부에는 고초균의 증식이 고르게 된 것이 좋다. 고추장메줏가루는 말려서 분쇄하는데 이때 고초균 냄새와 더불어 구수한 향이 나고 분쇄했을 때 노란빛을 띠어야 한다.

② 담금 및 숙성

준비된 원료를 넓은 용기에 넣고 동시에 혼합한다. 찰밥은 더운 것을 그대로 사용한다. 담글 때 가장 중요한 것은 수분 함량 조절인데 40~50%가 적당하다. 수분이 많으면 숙성과정에서 이상발효를 일으킬 가능성이 높고 제품 저장 시 문제가 될 수 있다. 순창 지방의 전통 고추장 제조 시 메주용 원료는 대두 240g, 멥쌀 240g이다. 담글 때에는 찹쌀 1,600g, 엿기름가루 540g(사용하지 않을 경우도 있음), 고춧가루 800g, 소금 600g, 물 1,200g을 넣어 잘 혼합한다.



**표 2-10 | 순창 전통고추장 배합비율**

| | |
|---|---|
| 메주 | 대두 240g, 멥쌀 240g |
| 찹쌀 | 1,600g |
| 엿기름가루 | 540g |
| 고춧가루 | 800g |
| 소금 | 600g |
| 물 | 1,200g |

숙성용 용기는 가급적 입구가 좁은 것으로 표면적이 적게 되도록 담는다. 산소와 접촉되는 표면은 갈변현상이 나타나 색깔이 검어지고 풍미도 나빠진다. 또한 산막효모(흔히 '곱'이라 함)가 번식하므로 산소와의 접촉을 막는 것이 좋다.

### 재래식 고추장 제조법

재래식 고추장은 재래식 간장 메주를 담글 때와 같은 방법으로 찹쌀가루를 약 20% 혼합하여 메주를 만들어 띄운다. 엿기름가루는 물에 담가 당화효소액을 추출한 후 녹말과 반죽하여 따뜻한 곳에 두면 당화가 일어난다. 여기에 메줏가루와 고춧가루, 소금 등을 넣고 혼합한 후 용기에 담아 숙성시킨다.

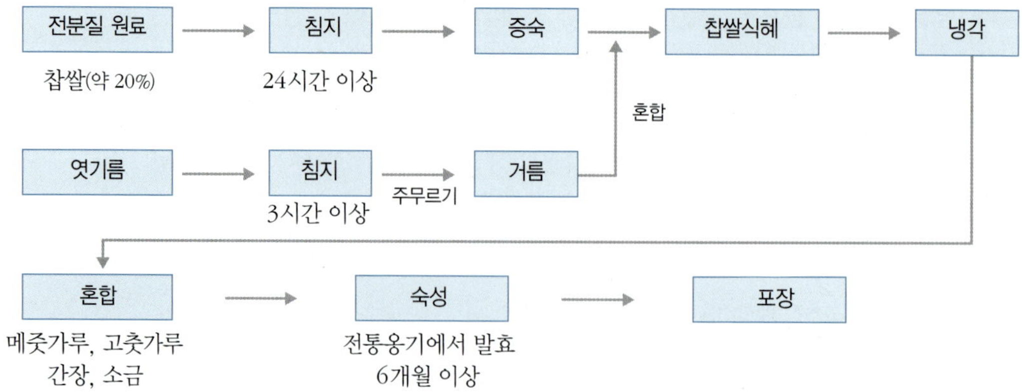


**그림 2-7** | 재래식 고추장 제조공정

### (3) 개량식 고추장

전통식 고추장은 숙성용 효소원으로 고추장메주나 엿기름가루를 사용하지만, 코지식 고추장(일본식, 공장식)은 *Aspergillus oryzae* 곰팡이를 이용하는 것이 큰 차이점이고 원료배합비나 제조공정 또한 매우 다르다. 코지식 고추장은 코지 만들기가 메주 만들기보다 작업이 용이하고 그 기술이 표준화되어 있기 때문에 현재 국내의 모든 공장이 이 방법을 채택하고 있다.

① 제국(코지 띄우기)

전분질 원료는 소맥분 2, 3등품을 사용하여 제국한다. 종균으로는 *Aspergillus oryzae*가 적합하며, *Aspergillus sojae*는 포자 착생이 빨라 제품의 색택에 나쁜 영향을 미친다. 소맥분은 수분 함량이 40%가 되도록 연속증자기로 증자하면 과립상태가 된다. 원료는 충분히 증숙되도록 하고, 만일 연속증자기로 처리한 것이 미숙한 상태일 때는 다시 적당한 방법으로 증숙을 해야 한다. 제국 온도는 일본된장에서와 같이 40℃ 이하로 제국을 한다.

② 담금 및 숙성

코지와 고춧가루, 소금, 물 등을 혼합한다. 수분 함량은 50% 정도가 좋다. 숙성은 계절에 따라 다른데 여름은 약 30일, 기타 계절에는 40일 정도이다.

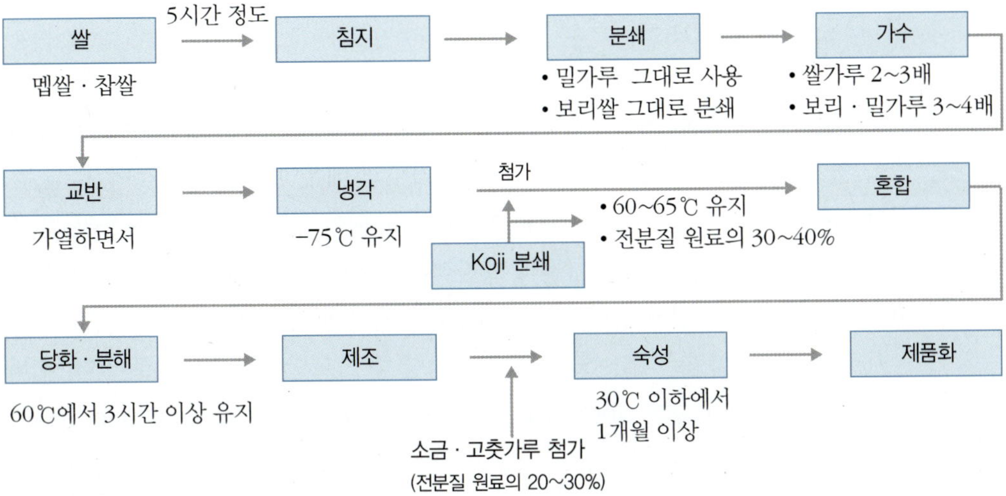


**그림 2-8** | 개량식 고추장 제조법

③ 제성

숙성덧을 일정량 당화기에 옮기고 방부제나 기타 조미료 및 물엿을 필요량 투입하고 분석하여 규격에 맞게 조정한다. 원료가 투입되면 교반기를 계속 돌리면서 재킷에 스팀을 통하도록 가열하는데, 이때 압력을 1kg/cm$^2$ 이하로 해야 고추장이 당화기에 눌어붙지 않는다. 가열 상한온도는 60~80℃의 범위이고, 60℃는 효모가 죽을 수 있는 최저온도이며, 80℃ 이상이면 고추장의 갈변화로 변색이 심하게 일어난다.

필요한 상한온도에 이르게 되면 스팀을 막고 10~20분 동안 유지시켜 즉시 밸브를 전환해서 재킷 내에 냉수를 통하게 하여 40℃ 정도까지 냉각시켜 마쇄기를 통과시킨다. 지체시간은 60℃에서 20분 정도가 적당하고, 80℃에서는 즉시 냉각하는 것이 바람직하다. 마쇄기의 망 구멍은 2.25파이로 해서 곱게 갈아 즉시 포장하여 저장고로 옮긴다. 숙성은 30℃에서 1개월 이상으로 숙성기간은 첨가하는 소금 함량에 따라 달라진다.

### (4) 고추장의 품질관리

식품공전에 의하면 고추장은 고추장 고유의 색택과 향미를 갖고, 이미 · 이취가 없이 균일해야 한다. 또한 품질 기준은 수분이 50.0% 이하, 아미노산 산성 질소(mg%)는 160 이상, 캡사이신 함량은 1.0(mg%)이다.

### 3) 고추장의 영양성분

고추장에는 단백질, 지방, 비타민 $B_2$, 비타민 C, 카로틴 등과 같이 우리 몸에 유익한 영양성분이 다량 함유되어 있다. 고춧가루의 매운맛 성분은 캡사이신capsaicin 이라는 특수 성분으로 0.01~0.02% 정도가 함유되어 있는데 숙성되는 동안 그 함량에는 큰 변화는 없다. 고춧가루의 빨간색은 캡산틴capsanthin으로 이는 카로티노이드carotinoid에서 기인하며 비타민 A의 효능을 나타낸다.

카로틴carotene 함량은 15~60㎍/g이고, 숙성 중 카로틴의 산화촉진은 없다. 비타민은 thiamine 100㎍%, riboflavin 110㎍%, niacin 1.2mg%, folic acid 58㎍%가 함유되어 있다.

### 4) 고추장의 기능성

고추 중의 캡사이신은 *Bacillus subtilis*균에 대한 항균작용이 있어 적당량 섭취하면 속을 가라앉히고 안정감을 준다. 또한 땀이 나도록 하여 노폐물의 배설을 촉진하여 감기 등 각종 질병의 예방과 치료에 효과가 있다. 또한 캡사이신은 체지방을 감소시킬 뿐 아니라 고춧가루 외에 메주의 숙성 때 생기는 기능성 성분에 의해 체지방을 연소시킨다. 베타카로틴과 비타민 C가 다량 함유된 고춧가루는 항돌연변이 및 항암작용을 한다. 또한 고춧가루는 건위제로 피부를 자극하여 혈액순환을 돕는다. 자연에서 유래된 다양한 균종 속에 들어 있는 *pediococcus*속, *Halopgillus*속, *Lactobacillus*속, *Delbruekii*속 등의 미생물은 정장작용을 돕는다.

### 5) 고추장의 세계화

#### (1) 제조공정의 표준화

고추장은 발효 숙성식품이며 다른 식품과는 다르게 완제품의 경우도 변화 속도가 빠르다. 전통 고추장에서는 메주, 개량식에서는 코지koji 등에 의해서도 분해가 일어나지만 다른 효소에 의해서도 분해가 일어난다. 따라서 고추장의 공정관리는 미생물 균주, 메주 혹은 코지의 표준화가 선행되어야 한다.

### (2) 기능성의 과학적 증명

고추의 매운맛 성분인 캡사이신이 지방대사를 촉진한다는 사실이 과학적으로 증명됨에 따라 비만 예방에 관심이 집중되고 있다. 또한 암 발생 억제 기능도 밝혀졌다. 발효나 숙성 과정 중 메주나 코지 자체에 들어 있는 단백질 분해물질인 각종 펩티드peptide는 이미 기능성을 인정받아 고추장 발효과정 중 생성되는 발효산물에 관한 연구도 활발히 진행되고 있다.

## 5. 세계의 콩 발효식품

- **한국 청국장**cheonggukjang

  콩을 불린 후 삶아서 60℃ 정도로 식혀 대소쿠리에 담아 볏짚으로 덮고 30~35℃로 유지하면서 발효시키면 2~3일 후 점질 물질이 생긴다. 발효 후 식기 전에 소금, 마늘, 고춧가루, 파 등을 넣은 후 찧는다. 청국장은 볏짚의 균이 좋고 나쁨에 따라 맛의 차이가 난다.

- **일본 낫토**natto

  낫토는 일본식 콩발효식품으로 콩을 삶아 발효세균인 낫토균(납두균) 또는 바실러스서브틸러스 균을 인공적으로 첨가하여 발효한다. 이때 끈적끈적한 물질이 생성되는데 이에 낫토키나아제가 들어 있어 효소 함유 식품이라고 불린다.

- **인도 스자체**sujache

  인도에는 냄새가 청국장과 비슷한 스자체라는 콩발효식품이 있다. 콩을 삶아 바나나 잎으로 안쪽을 두른 대바구니에 넣고 잘 띄운 후 절구에서 찧고 동그랗게 뭉친 후 다시 바나나 잎으로 싼 후 건조시킨다.

■ 인도네시아 템페tempeh

삶은 콩에 템페의 종균인 '라기'를 조금 섞어 하이비스카스나 티크나무 잎의 뒷면에 올린 후 다른 잎으로 덮은 후 30℃ 정도에서 2일간 발효시킨다. 잘 발효된 템페는 콩 사이사이에 흰곰팡이가 잘 펴서 단단한 상태로 된다. 템페는 간장을 발라서 굽거나 얇게 썰어 기름에 튀기거나 수프에 넣어 먹는다.

■ 부탄 리비잇빠libi-iba

콩을 삶아 대광주리에 담고 천으로 덮어 실온의 습기 찬 방에서 띄운다. 냄새가 나면 절구로 찧어 다시 따뜻한 방에서 숙성시킨다. 숙성기간은 1~3년 정도이며 그 기간이 길수록 좋다. 리비잇빠의 뜻은 '콩이 썩는다'는 뜻으로 부탄에서는 조미료로 사용된다.

■ 네팔 키네마kinema

네팔에는 청국장보다 더 냄새가 강한 콩발효식품이 있는데 콩을 하룻밤 물에 불려 삶아 잘 두들겨 으깬다. 그 후 소량의 재를 넣고 섞은 후 대바구니에 담아 바나나 잎으로 덮어 실온에서 하룻밤 띄운 다음 이를 다시 햇볕에 말리면 된다. 네팔인들은 주로 겨울에 먹는다.

■ 태국 토아나오to-anato

대단히 심한 냄새를 풍기는 토아나오는 태국의 북부 산악지대의 소수 민족들의 고유식품이다.

콩을 불려 잘 삶아 대바구니에 넣고 바나나 또는 산마의 잎으로 싼다. 이를 실온에서 3~4일 동안 띄운 후 소금과 향신료를 넣고 찧는다. 그다음 찧은 것을 다시 바나나 잎으로 싸서 시루에 찌면 양갱과 같은 페이스트 모양의 토아나오가 된다. 또 다른 방법은 찧은 것을 납작하게 만들어 햇볕에 말리면 칩 모양의 토아나오가 되며, 이것을 몇 달씩 보존하면서 먹는다.

■ 중국 두시dushi, 豆豉와 루푸rufu, 乳腐

두시라는 발효식품은 콩을 불려 삶아 띄울 때 소금의 첨가 여부에 따라서 함두시와 담두시로 구분한다. 함두시는 소금을 첨가하여 띄우는데 우리나라의 된장이나 간장에 해당하고, 담두시는 소금을 첨가하지 않고 띄워 청국장과 유사한 방식으로 만들어진다.

루푸는 중국이나 대만에서 오래전부터 제조되어 온 일종의 콩발효식품이다.

콩을 갈아서 두부를 만들고 그 표면에 곰팡이를 번식시킨다. 이것을 술이나 된장 또는 간장덧에 담가서 숙성시킨다. 숙성이 되면 두부의 조직이 부드럽게 되어 치즈와 같은 감촉과 풍미가 나타난다.

# Chapter 3 김치

1. 기원
2. 발효의 원리
3. 사용균주 및 재료
4. 제조공정
5. 기능성
6. 기타 절임류

3

# FERMENTED FOOD

# 1. 기원

김치는 배추나 무, 기타 채소 등의 주재료에 소금, 고춧가루, 젓갈, 마늘, 생강 등의 부재료를 첨가해서 발효시킨 것으로 독특한 풍미와 맛을 지닌 우리나라의 대표적인 전통 발효식품이다. 초기의 김치는 현재의 모습과 크게 달랐으며 주로 겨울철 채소류를 저장하는 방법에서 시작되었을 것으로 보고 있다. 당시 채소류를 저장하는 데는 주로 소금, 간장, 식초 등을 사용했는데, 고추가 전래되고 결구배추를 재배하게 되면서 점차 현재의 모습을 갖추게 되었다.

## 1) 우리나라의 김치 기원

저菹채류의 식용은 중국에서는 문헌상으로는 약 2,000년 전부터였고, 일본에서는 우리나라의 통일신라시대에 해당하는 때에 이용한 것으로 나타나 있다. 우리나라는 문헌상으로 나타나는 고려시대 훨씬 이전부터 저채류가 식용되었을 것으로 보인다.

즉, 삼국시대 『후주서後周書』나 『수서隋書』 중에 당시의 채소 재배에 관한 기록이 있고, 통일신라시대(683년) 신문왕이 부인을 맞아들이는 절차를 기록한 내용 중에 쌀, 술, 기름, 꿀, 포 등의 식품류와 함께 간장, 된장, 식해 등의 염장식품을 폐백음식으로 사용했다는 것으로 미루어보아 채소류를 식염 저장하여 김치류를 만들어 식용했을 것으로 추정된다.

문헌상에 저菹가 등장한 것은 고려시대로, 고려 성종 2년(983년) 『예지禮志』 중에 미나리김치, 무김치, 부추김치 등이 제사상에 올라간다고 하였으며, 고려 중기 이규보(1168~1241년)가 지은 『동국이상국집東國李相國集』의 가포육영家圃六泳 중 순무장아찌, 소금에 절인 김치 등에 대한 기록이 등장한 것으로 보아 이 시대의 김치류는 염장에 의한 짠지였을 것으로 짐작된다.

조선시대에 들어와서는 조선 초기 『세종실록世宗實錄』에 나타난 저채류의 기록을 보면 고려시대의 김치류와 동일한 죽순김치, 미나리김치, 순무김치, 부추김치의 네 종류가 있었다.

중종 22년(1527년)에 편찬한 『훈몽자회訓蒙字會』 중에 김치의 한문표기를 저(菹 : 침채저沈菜菹)라 한 내용과, 철종 때(1835년경) 서유구가 저술한 『임원십육지林園十六志』의 총론에서 '저菹란 날채소를 소금에 절여 차가운 곳에서 익힌 것을 말한다' 라고 하여 발효시킨 음식이라는 점을 기술하고 있어 조선시대의 김치는 고려시대의 염절임 '짠지' 의 형태와는 다른 모습이었음을 알 수 있다.

조선 중기 『산림경제山林經濟(1710년)』와 『증보산림경제增補山林經濟(1760년)』에서는 고추(남만초南蠻椒)에 대해 언급하고 있으며, 배추(숭채菘菜)의 재배를 처음으로 중요 재배작물에 포함하고 있다.

이어서 빙허각 전주 이씨(1759~1824)가 저술한 『규합총서閨閤叢書』에는 석박지형 김치에 대한 제조방법이 기록되어 있고, 침채원으로 해류醢類를 저채류에 처음 이용함에 따라 우리나라 (젓국지) 김치의 기원을 이루었다. 『동국세시기東國歲時記(1849년)』에는 당시 서울의 김장 모습이 잘 설명되어 있고, 『조선요리제법朝鮮料理諸法(1934년)』에는 현대식 조리 용어로 김치 담그는 법이 자세히 기록되어 있다.

오늘날 우리가 사용하는 김치라는 용어는 '침채沈菜 → 딤채菹菜 → 김채 → 김치' 로 변화되었을 것으로 보이며, 김장이라는 말은 침장沈藏으로부터 유래한 것으로 생각된다.

김치는 기후, 풍토, 생활양식, 조리법 등의 변화, 경제 및 교역의 발전, 채소 원예법의 개량 등 여러 요인에 의해서 그 형태가 변화해 왔으며 150여 년 전에 결구배추 등의 개량종이 도입된 이후로 지금의 형태가 되었다.

## 2) 중국의 김치 기원

김치류에 관련된 최초의 기록은 지금부터 2,600~3,000년 전의 중국 최초의 시집인 『시경詩經』에 나오는 '저菹' 에서 그 유래를 찾을 수 있다.

中田有廬疆場有瓜是剝是菹獻之皇祖曾孫壽考受天之祐

– 밭 속에 작은 원두막이 있고 밭두둑에 외가 열려 있다. 이 외로써 정성 들여 김치를 담가 조상에게 바침으로써 수를 누리고 복을 받는다 –

여기에 등장하는 '菹' 라는 글자가 후에 김치를 뜻하는 말이었고 원료로는 외(오이류)를 사용하였다. 이후 진秦나라(BC 238~207) 때 저서인 『여씨춘추呂氏春秋』에 다시 '저菹' 가 등장한다.

文王好菹孔子聞之聞之跋..負而食之三年然后美之

– 문왕이 '저' 를 즐긴다니까 공자가 이 말을 듣고 콧등을 찌푸려가면서 먹어서 3년 후에야 맛이 좋은 것을 즐길 수 있었다 –

이 두 문헌에 의하면 '저菹' 는 오이를 초절임하거나 시어지도록 발효시킨 것임을 알 수 있다.

김치류에 관한 제조방법이 구체적으로 기록된 문헌 중에서 가장 오래된 것으로 중국의 후위後魏(439~525) 말엽 『제민요술濟民要術』이라는 농서에 김치류에 대한 자세한 내용이 있다. 제민요술에서는 '저菹' 의 종류로 절임류나 나물류가 포함되고, 사용하는 재료는 술지게미나 전분질이었던 것을 보면 다양하게 이용되었던 것 같다.

즉, 담금 원료로 소금, 식초, 메주, 술지게미 등을 다양하게 사용한 것은 무김치이며, 식염에 죽이나 곡국을 함께 사용한 것, 식초를 사용한 것 등 무려 17종에 달한다.

이처럼 염장과 초절임이 대부분이고 일부가 다른 방법을 사용하였다. 또 원료의 전처리로서 데치거나 삶아서 사용하고 생강, 마늘, 파 등 향신료는 염장 발효 재료에 대부분 사용하였다.

이처럼 중국에서는 약 3,000년 전부터 외를 초절임한 제품이 이용되었고, 서기 500년대의 『제민요술』에 그 제법이나 종류가 상세히 기록되어 있다. 그 이후 중국의 절임류에 관한 기록은 『제민요술』을 기본으로 큰 변화 없이 오늘에 이르고 있다.

### 3) 일본의 김치 기원

일본은 약 2,300년 이전에 쌀농사가 시작되었고 이어서 술이나 된장 등 발효식품이 만들어졌으며, 이들을 이용한 절임류가 만들어졌을 것으로 추정된다.

일본의 경우, 현재까지 알려진 문헌의 기록에 따르면 752년 나라奈良에 있는 토오다이지東大寺의 정창원正倉院에 소장된 『잡물납장雜物納帳』 중에 염지류鹽漬類 1종이 기록되어 있고, 『정창원문서正倉院文書』와 연희延喜 5년(905년)에 율령정치律令政治를 위한 규칙을 정리한 『연희식延喜式』에 절임류가 상세히 기술되어 있다.

『연희식』 제39권에는 봄철 14종, 가을 36종의 절임류가 수록되어 있다. 이 책은 헤이안平安시대의 궁중행사를 기록한 것으로 각종 채소와 과실을 소금, 술지게미 등에 절여 중요한 부식으로 이용했다고 전한다.

일본 문헌에 나타나는 절임류에는 모두 지漬를 사용하고 있는데 이는 현대의 것과 같다. 일본의 3대 절임류인 나라쯔께奈良漬는 무로마치시대室町時代, 다쿠앙쯔께澤庵漬는 에도시대江戸時代에 완성되었고, 후쿠진쯔께福神漬는 메이지시대明治時代에 완성되어 오늘에 이르고 있다.

## 2. 발효의 원리

김치는 숙성되는 동안 주재료인 배추, 무 또는 여러 양념류에 들어 있는 탄수화물, 단백질 같은 고분자화합물이 효소에 의해 일부 가수분해되어 당, 펩티드, 아미노산을 생성함으로써 고유의 풍미를 띠게 된다. 이와 동시에 채소류 세포 내의 여러 성분이 외부로 유출되어 발효를 일으키는 미생물의 영양원으로 작용하게 된다.

김치는 자연 발효식품이기 때문에 젖산균 이외에도 무수한 종류의 미생물에 의해 오염되어 있고, 그 일부는 김치의 품질을 손상시키지만 또 일부는 도움이 되는 것들도 있다. 배추나 무에서 유래한 토양 미생물과 젓갈에서 유래한 해양 미생물이 소금에 절이고 세척하는 과정에서 일부는 제거되고 일부는 잔존하여 발효과정에 참여하게 된다.

일단 김치를 제조하게 되면 3% 내외의 식염농도와 혐기적 조건 때문에 호기성 미생물은 점차 줄어들고 점차 혐기적 상태가 되면서 젖산균이 번식하기에 좋은 조건이 조성된다. 이러한 젖산균이 증식하게 되면 다른 균은 사멸되고 젖산균은 발효과정 중 최대 증식기를 거쳐 자체 생산된 산에 의해 사멸되고 효모나 호기적 세균이 다시 증식하면서 김치의 맛이 변화한다.

김치를 제조한 이후 진행되는 이러한 변화는 김치의 원료, 담그는 시기, 발효온도에 따라 달라지며, 최종적으로는 김치의 품질에도 영향을 미친다.

김치가 발효되는 동안 가장 큰 변화는 젖산의 생성에 의한 산도의 증가이다. 젖산 이외에도 탄산가스와 아세트산 등 각종 유기산이 생성되어 신맛을 내고 김치의 맛을 산뜻하게 해주며 유해세균을 사멸시켜 저장성을 높인다.

김치발효 중 pH, 산도 변화는 숙성온도와 밀접하게 관련되어 있으며 김치의 맛이 가장 좋을 때의 pH는 4.3, 산도는 0.6~0.8%로 발효온도가 상승할수록 산도가 빠르게 증가한다 그림 3-1 .

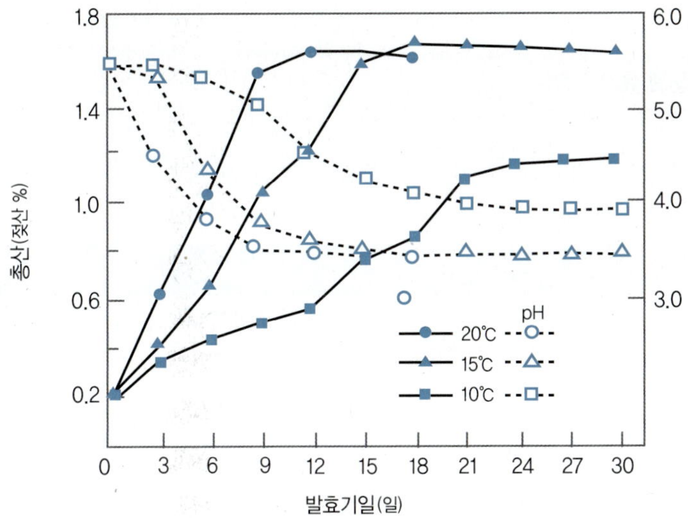


그림 3-1 | 김치의 발효과정 중 총산 및 pH의 변화

유기산은 채소 중에 함유된 효소나 발효에 관여하는 미생물이 분비하는 효소에 의하여 김치 재료의 여러 성분으로부터 생성된다.

김치 발효 중에 생성되는 휘발성 유기산은 lactic acid, oxalic acid, succinic acid, malic acid, citric acid 등이 있다. 유기산 중 김치원료에 함유되어 있으면서 발효 초기에 많이 검출되는 유기산은 malic acid, citric acid 및 oxalic acid이며, 김치가 발효하면서 lactic acid, acetic acid 등이 증가한다. 유기산의 조성과 생성 속도가 숙성온도와 식염농도, 사용하는 재료 및 발효를 주로 하는 젖산균에 따라 달라짐으로써 김치의 관능적 특성에 영향을 준다.

김치는 발효가 어느 정도 진행되면서 산도가 급격하게 변하나, pH의 변화가 급

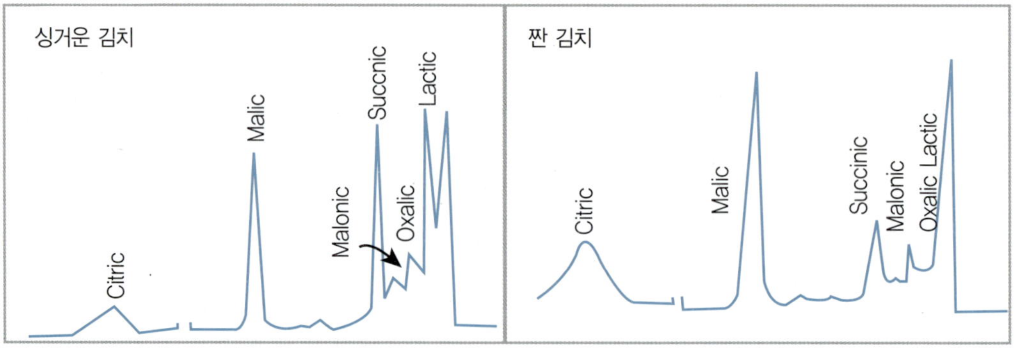


그림 3-2 | 김치의 소금농도별 유기산 함량

표 3-1 | 배추김치의 유리아미노산 조성(mg/g of Kimchi)

| Amino acid | Kimchi A | Kimchi B | Kimchi C | Kimchi D |
|---|---|---|---|---|
| Lysine | 0.108 | 0.211 | 1.099 | 1.316 |
| Histidine | 0.105 | 0.067 | 0.014 | 0.109 |
| Arginine | 0.350 | 0.291 | 0.398 | 0.600 |
| Tryptophan | 0.176 | 0.217 | 0.115 | 0.271 |
| Aspartic acid | 0.121 | 0.165 | 0.784 | 1.195 |
| Threonine | 0.967* | 0.396* | 0.647 | 0.692 |
| Serine | – | – | 0.460 | 0.584 |
| Glutamic acid | 0.653 | 0.274 | 0.943 | 1.502 |
| Proline | 0.111 | 0.106 | 0.238 | 0.349 |
| Glycine | 0.073 | 0.070 | 0.222 | 0.344 |
| Alanine | 0.767 | 0.520 | 0.862 | 1.221 |
| Valine | 0.159 | 0.148 | 0.492 | 0.784 |
| Methionine | 0.008 | 0.015 | 0.164 | 0.256 |
| Isoleucine | 0.135 | 0.096 | 0.300 | 0.469 |
| Leucine | 0.066 | 0.103 | 0.492 | 0.758 |
| Tyrosine | 0.066 | 0.076 | 0.119 | 0.174 |
| Phenylalanine | 0.094 | 0.070 | 0.217 | 0.317 |
| Total | 3.959 | 2.825 | 7.566 | 10.941 |

Kimchi A : 날김치, Kimchi B : 숙성김치, Kimchi C : 젓갈 첨가 김치(10%), Kimchi D : 젓갈 첨가 김치(15%)
* Sum of threonine & serine

격하게 저하되지 않는 것은 김치 국물에 존재하는 유리아미노산의 완충작용 때문이다. 김치의 유리아미노산은 양념에 사용한 젓갈류와 조미성분 및 김치원료 등으로부터 유래된다.

배추에는 지미旨味성분인 alanine과 glutamic acid가 많으며, 절인 배추에는 총 아미노산 함량은 큰 차이가 없으나 γ-aminobutiric acidGABA가 총 아미노산의 50%를 차지한다.

**가바GABA**

가바γ-Aminobutiric acid, GABA는 글루탐산, 글리신과 함께 포유류의 중추신경계의 신경전달물질 중 하나이며, 자연계에 널리 분포하는 비단백질 아미노산의 일종으로 흥분억제성 신경전달물질이다. 중추신경계 전체 신경전달물질 중 약 30%를 차지하는 가바는 glutamic acid를 기질로 하여 효소나 발효에 의해 합성되는데, 동물의 경우 뇌, 신장, 심장, 폐 등에서 발견되며 식물의 경우 발아현미를 비롯한 발아곡류, 녹차, 배추 등에서 많이 검출된다. 가바는 항스트레스, 항불안, 혈압상승 억제, 항경련 등 많은 생리적인 조절에 관여하고 성장호르몬 분비조절이나 통증완화에도 효과가 있는 것으로 알려져 최근에 식품 소재로서 관심이 고조되고 있다.

김치를 저온에서 숙성시켰을 경우 유리아미노산의 총량은 2배가량 증가하며 그 중 glutamic acid, alanine, cysteine, valine, methionine, leucine, tryptophan, lysine, phenylalanine 등이 증가하고 aspartic acid는 감소하는 경향을 보인다.

이처럼 아미노산은 젓갈을 비롯한 원료 중에서 용출되거나 단백질이 분해되어 일반적으로 증가하지만 일정 기간이 지나면 젖산균에 의해 이용되거나 질소화합물과 반응하여 감소 경향을 나타낸다.

김치 발효에서 변화되는 성분 중 중요한 것은 비타민류인데, 특히 비타민 C는 숙성 적기에 최대 함량을 나타내는 성분 중의 하나이다. 비타민 C는 수용성이며 쉽게 산화되는 성질이 있어 김치를 담그면 함량이 일단 감소하지만 숙성함에 따라 숙성 적기에 최대 함량을 나타낸다. 이는 배추 중의 glucose와 김치의 pectin이 분해된 galacturonic acid로부터 비타민 C가 생합성되기 때문이며, 이후 감소하는 것은 김치 발효균에 의해 이용됐거나 산화됐기 때문이다.

비타민 C 이외에 비타민 $B_1$, $B_2$, $B_{12}$, 니아신 등은 김치 제조 후 약간 감소하였다가 이후 점차 증가하여 숙성 적기에 최고에 달한 후 다시 감소한다.

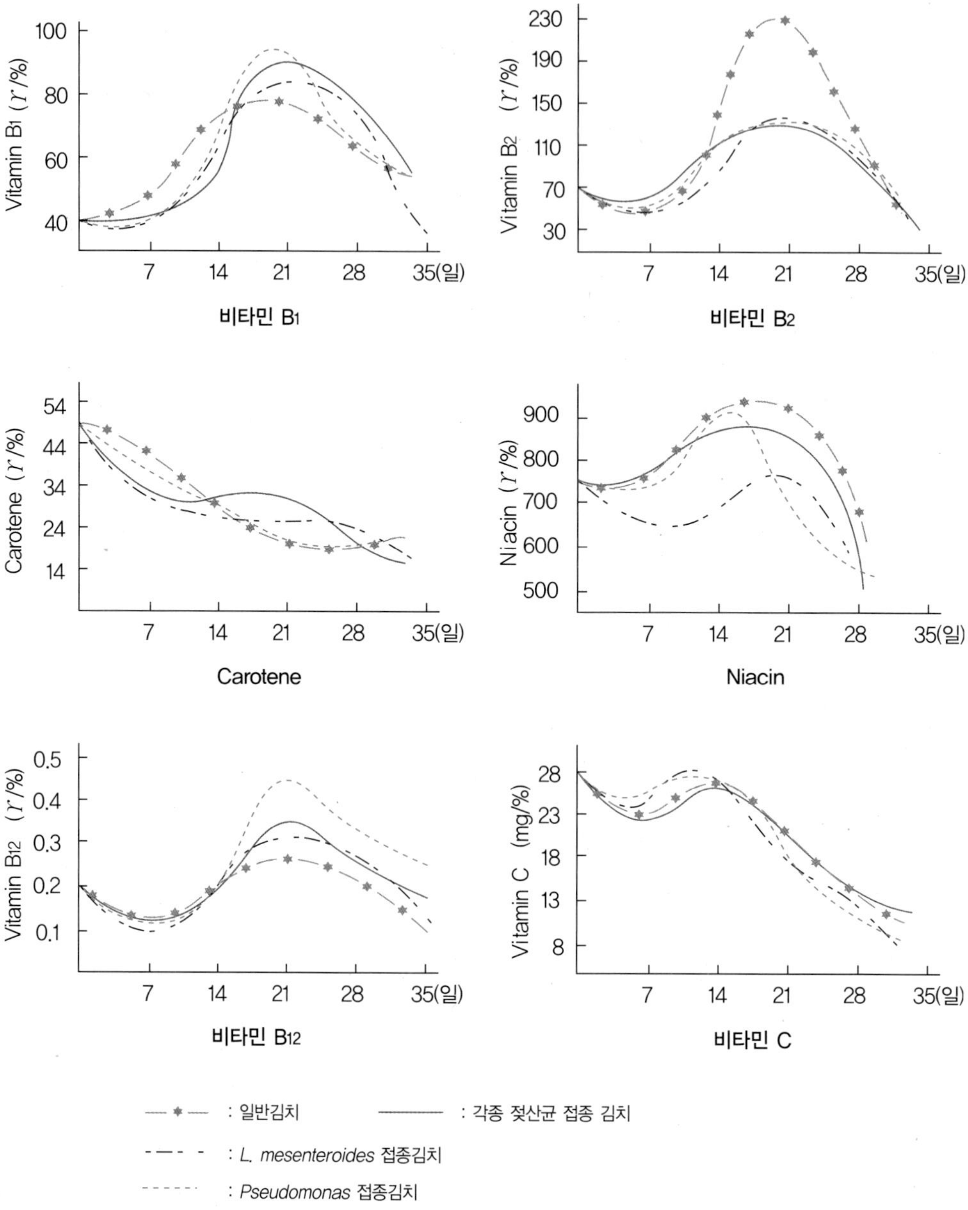


**그림 3-3** | 김치 숙성 및 비타민류의 함량 변화

## 3. 사용균주 및 재료

### 1) 김치 발효 미생물

김치 발효에 관여하는 미생물은 발효 초기에 호기성 세균인 *Achromobacter*, *Flavobacterium*, *Psedomonas* sp.에 속하는 호기성 세균이며, 중기 이후에는 혐기성 세균인 젖산균이 발효를 주로 하게 되는데 *Lactobacillus*, *Leuconostoc*, *Weisella* sp. 등이 있다. 이 외에 발효 후기가 되면 과도한 발효로 생성된 산을 이용하는 산막 효모류인 Candida, Pichia sp. 등이 증가한다 **그림 3-4**.

이처럼 김치의 발효 중 미생물상은 초기에 다양화하고 중기에 단순화된 다음, 후기에는 다시 다양화된다. 김치 발효에서는 젖산균이 주 발효균이지만 이 젖산균의

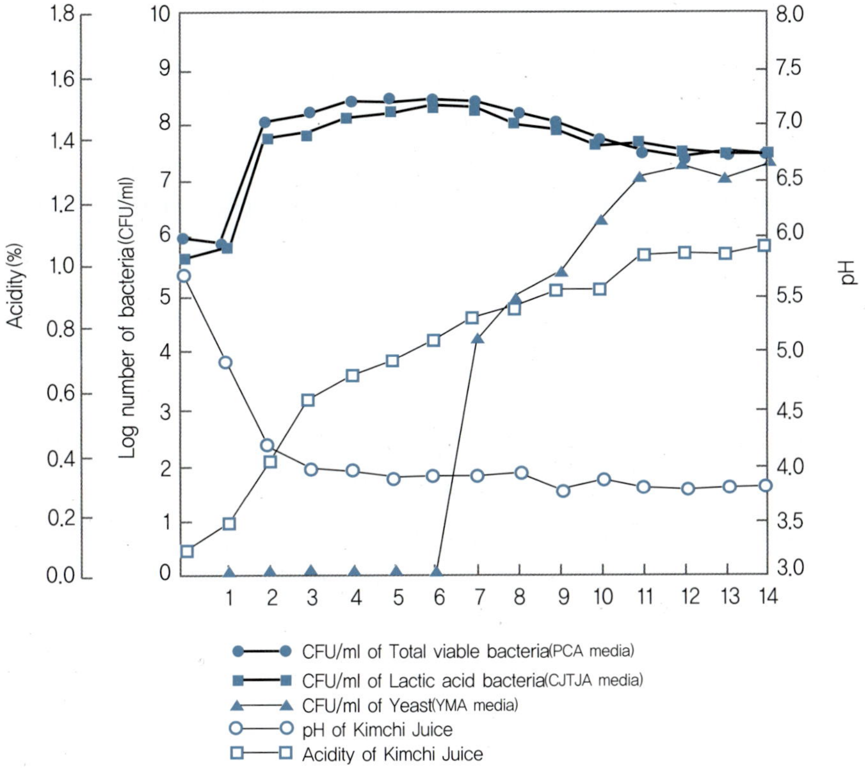


**그림 3-4** | 김치의 발효 중 미생물의 소장

종류도 다양하여 초기 발효에 관여하는 것과 후기 발효에 관여하는 것이 순차적으로 번식하여 영향을 끼친다.

김치를 제조한 후 일정 기간 발효시키는 과정으로 김치가 완성되지만 내부적으로는 매우 복잡한 변화가 일어나며 이러한 변화는 사용하는 재료나 식염농도, 발효 온도에 따라서도 달라지므로 그 양상은 더욱 복잡해진다.

### (1) 젖산균과 젖산발효

젖산균이란 각종 당류를 에너지원으로 하여 주요 대사산물로 젖산을 생성하는 미생물 군을 말한다.

젖산균은 크게 *Lactobacillus*속, *Leuconostoc*속, *Pediococcus*속, *Steptococcus*속, *Weisella*속으로 구분하는데 이들은 포도당의 발효 형식에 따라 젖산만을 주로 생산하는 정상발효젖산균Homofermentative lactic acid bacteria과 젖산 이외에 탄산가스와 에탄올 등 다른 혼합물을 생성하는 이상발효젖산균Heterofermentative lactic acid bacteria으로 구분된다. 젖산발효 형식 중 homo형의 젖산발효는 당이 분해되어 해당과정을 거쳐 pyruvate가 생성되고, 이것은 다시 젖산으로 환원된다.

$$\text{Glucose} \xrightarrow{\text{EMP}} \text{Pyruvate} + \text{NADH} + \text{H}^+ \longleftrightarrow \text{L}(+) - \text{lactate} + \text{NAD}^+$$

한편 hetero형 발효는 glucose, mannose, galactose 등의 당류에서 젖산, 에탄올, 탄산가스 등을 생성한다.

$$\text{Glucose} \longrightarrow \text{Lactic acid} + \text{Ethanol} + CO_2$$
$$\text{Fructose} \longrightarrow \text{Lactic acid} + \text{Mannitol} + \text{Acetic acid} + CO_2$$
$$\text{Pentose} \longrightarrow \text{Lactic acid} + \text{Acetic acid}$$

김치 발효에서 주동적인 역할을 하는 *Leuconostoc*속은 연쇄구균, hetero형이며 생리적 특성에 따라 구분된다. 그중 *Leuconostoc mesenteroides* **그림 3-5** 는 직경 0.9~1.2㎛의 구형 또는 타원형이며 주로 점질물인 덱스트란dextran으로 둘러

싸여 있고, 포도당을 발효하여 45%의 L-Lactic acid, 25%의 acetic acid와 알코올을 생성하며 5탄당을 발효하여 같은 양의 젖산과 아세트산을 생성한다. 한편 정상발효젖산균인 *Lactobacillus plantarum*은 전자보다 늦게 출현했다가 발효 후기까지 잔존하는 균으로 내산성이 매우 강하여 김치의 산패에도 관여하는 균이다. *Lactobacillus plantarum*은 연쇄상의 젖산간균으로서 단간균이다 **그림 3-6**. 세포의 양단은 둥글고 한 개 또는 여러 개가 연쇄상으로 김치즙 중에서 발견되며, 어느 정도 이상으로 산도가 올라갔을 때는 세포가 보통 때보다 길다. 비운동성이며 액체배지에서 피막을 만들지 않고 강한 혼탁을 일으키며, 콜로니 주변은 매끄럽고 중심이 융기한 형태이다. 탄소 영양원으로 glucose, fructose, sucrose, maltose, galactose, lactose 등을 이용하고, 전형적인 homo형으로 젖산만을 생성하며 미량의 휘발산과 탄산가스를 생성한다. 젖산 생성량은 0.7~0.8%이며, 질소 영양원으로 필수아미노산과 asparagine, glutamic acid, glycin 등이 있어야 하는데 비타민과 질소염기가 필요하므로 영양요구성nutritional requirement이 높다.

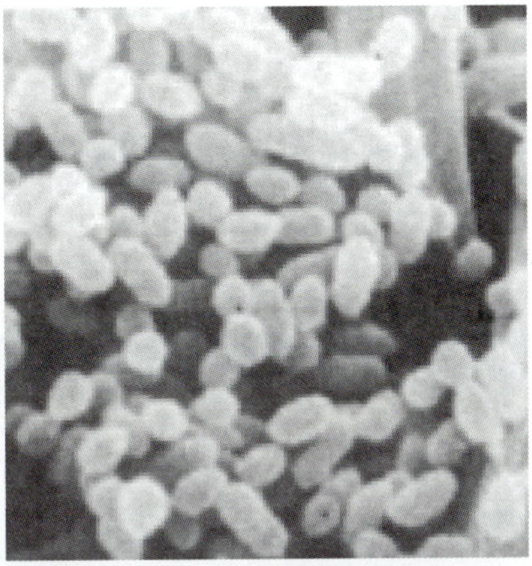

그림 3-5 | *Leuconostoc mesenteroides*

그림 3-6 | *Lactobacillus plantarum*

최적생육 pH는 5.5~6.5이나 한계 pH는 산성 측에서 3.0~3.5까지 내려가며, 내염성은 2~3%에서 생육에 지장이 없으나, 4~5% 정도가 되면 생육속도가 지연된다. 다른 젖산균과 잡균에 대하여 중성 또는 약산성 환경에서 항균력이 강하며 김치 산도가 0.6~0.7%에 달하면 균의 활성이 급격히 떨어지기 시작하여 생육속도가 늦어진다.

*Lactobacillus brevis*는 *Lactobacillus plantarum*보다 약간 크며(0.7~1.0×0~0.3μm) 한 개 또는 연쇄상으로 배열한 단간균으로 *Lactobacillus plantarum*과 마찬가지로 산도가 높은 김치에서 발견되는데, 이때 세포의 길이가 보통 때보다 길다. 비운동성으로 콜로니 크기와 특성 및 기타 배양학적·생리학적 특징이 *Lactobacillus plantarum*과 유사하나 산성 측 한계 pH가 커서 1.0~1.2%에 이

른다.

김치 발효가 진행되는 동안 산도가 증가하여 이 시기에 각기 출현하는 젖산균의 종류는 **표 3-2** 와 같다.

**표 3-2 | 발효 경과 중 출현하는 젖산균의 종류**

| 발효시기(적정산도) | 젖산균의 종류 | 발효시기(적정산도) | 젖산균의 종류 |
|---|---|---|---|
| 적숙기<br>(산도 0.5~0.7%) | *Leu. mesenteroides*<br>*Leu. dextranicum*<br>*Lac. sake*<br>*Lac. plantarum*<br>*Lac. brevis* | 담금 직후 | *Leu. mesenteroides*<br>*Leu. dextranicum*<br>*Leu. kactis* |
| 과숙기<br>(산도 1.0% 이상) | *Lac. plantarum*<br>*Lac. brevis*<br>*Lac. sake*<br>*Ped. cerevisiae* | 미숙기<br>(산도 0.3% 이하) | *Leu. mesenteroides*<br>*Leu. dextranicum*<br>*Lac. sake*<br>*Lac. barvaricus* |

### (2) 김치의 발효와 효모

김치의 발효 중 초기와 후기에 검출되는 효모는 가스발생이나 김치를 물러지게 하는 연부작용 등 품질을 저하시키지만, 한편으로는 알코올을 생성하여 풍미에 기여하는 것으로 알려졌다.

김치, 깍두기, 동치미 제조 후 발효 중 출현되는 효모 수의 변화는 **그림 3-7** 과 같다.

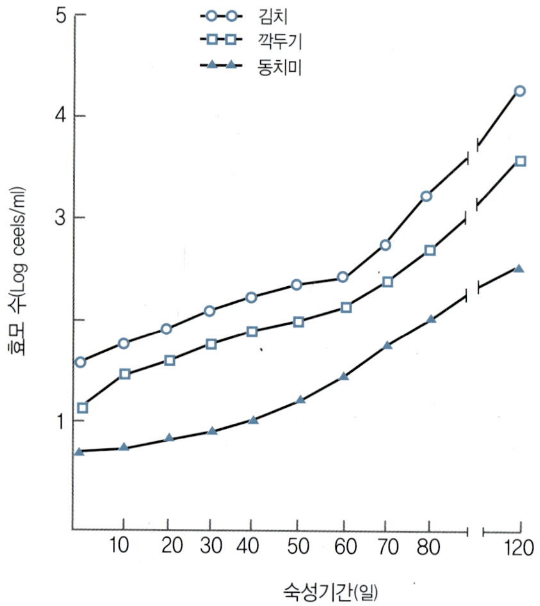


그림 3-7 | 김치 발효 중 효모 수의 변화

담금 직후 김치는 $10^2$CFU/g로 낮은 수준이나 점차 증가하여 $10^4$CFU/g까지도 출현한다. 출현되는 종류로는 *Saccharomyces*속, *Torulopsis*속, *Candida*속, *Hansenula*속, *Debaryomyces*속, *Pichia*속, *Rhodotorula*속 등이 있다. 김치발효 중 출현되는 효모 중 *Sac. fermentati*나 *Pichia chambardii*, *Debaryomyces caudertii* 등은 과실향, 포

도주향 등을 나타내어 연부작용이나 변색뿐만 아니라 김치의 풍미를 개선하는 데에도 기여한다.

## 2) 재료

김치에는 주재료인 배추 · 무 · 열무 · 오이 등을 비롯하여 고춧가루 · 마늘 · 생강 · 양파 등의 향신 채소류와 젓갈류 등 다양한 재료가 이용된다.

김치에 사용되는 재료들은 농수산물로 공산품과 같이 규격화되어 있지 않기 때문에 계절과 환경요인에 의해 김치 품질에 큰 영향을 미친다. 따라서 김치 제조에 사용되는 원료의 특성에 대한 이해가 중요하다.

여기서는 김치의 주재료인 배추와 무, 그리고 부재료 중 마늘과 고춧가루의 특징을 소개한다 **표 3-3**.

**표 3-3 | 김치에 사용되는 재료**

| 구분 | | 재료 |
|---|---|---|
| 주재료 | 식물성 | 통배추, 햇배추, 무, 총각무, 열무, 가지, 오이, 상추, 고춧잎, 풋고추, 통마늘, 마늘종, 동과, 노각, 고들빼기, 톳, 분지, 콩나무르 속세, 더덕, 돌나물, 갓, 파, 부추, 양배추, 미나리, 고구마줄기, 무청 |
| | 동물성 | 복어, 가자미, 굴, 도루묵, 동태, 꿩, 닭, 전복 |
| 부재료 | 채소류 | 갓, 미나리, 당근, 쑥갓, 순무잎, 콩잎, 깻잎, 무청, 청각 |
| | 과실류 | 대추, 호박, 참외, 은행, 잣, 귤, 토마토, 곶감, 유자, 치자, 사과, 배, 밤 |
| | 곡류 | 쌀겨, 보리쌀, 찹쌀, 누룩, 밀가루, 엿기름, 좁쌀 |
| | 기타 | 표고, 석이, 대나무잎 |
| | 동물성 | 낙지, 굴, 조기, 동태, 새우, 오징어, 쇠고기, 돼지고기, 달걀, 대구, 문어, 연어 |
| 조미 향신료 | 향신료 | 파, 마늘, 고춧가루, 생강, 부추, 겨자, 후추, 양파, 달래, 계피 |
| | 일반 조미료 | 소금, 간장, 식초, 화학조미료, 참기름, 감미료, 엿, 깨 |
| | 젓갈류 | 새우젓, 멸치젓, 황석어젓, 갈치젓, 창난젓, 조개젓, 소라젓, 조기젓, 꼴뚜기젓, 곤쟁이젓 |

### (1) 배추Brassica campestris L sp. chinensis, Chinese cabbage

배추는 서늘한 기후에서 잘 증식하는 식물로서 발육적온이 20℃이고, 배추 포기가 결구되는 온도는 15~16℃이다. 동해를 입을 수 있는 최저 온도는 -8℃이고, 생육기간은 60~90일이다.

배추는 생육온도 특성상 가을에 재배하는 것이 가장 적합하다. 형태학적으로 결구 상태에 따라 결구형, 불결구형이 있다. 결구형은 외엽의 끝이 겹치지 않는 포합형抱合型, 외엽의 끝이 겹치는 포피형包被型, 권심형捲心型으로 구분된다.

우리나라의 봄여름에 걸쳐 노지에서 나는 배추는 재배기간이 기온이 높은 시기여서 결구가 불완전하고 푸른 겉잎이 많으므로 절임 후에도 폐기율이 높아서 상품용으로는 적합하지 않다. 반면 가을은 배추의 생육에 적당한 기온으로 적당한 결구율과 당 함량이 높아 배추 품질이 좋다. 겨울에도 기온이 비교적 높은 해남지방과 제주도에서는 12월까지 밭에서 수확하지 않고 월동한 배추를 수확하여 냉장 저장 후 이듬해 봄(4~5월)까지 사용하는데, 이런 배추를 월동배추라 하며 봄에 재배되는 노지배추에 비해 품질이 우수한 편이다.

기온이 높은 하절기에는 기온이 낮은 고랭지에서만 재배가 가능하며, 강원도와 지리산 일대의 산간지역에서 일부 생산된다.

배추의 수분 함량은 93~96%이며 봄 · 여름에는 다소 높고, 가을 · 겨울에는 낮은 편이다. 당 함량은 이와 반대로 가을 · 겨울에 높아 배추 자체로도 고소한 맛이 나는 시기이다 표 3-4 .

**표 3-4 | 김치용 원료 배추의 성분**

| 성분 / 품종 | 수분(%) | 환원당(mg/g) |
|---|---|---|
| 하우스 봄배추 | 93.5 | 13.98 |
| 노지 봄배추 | 95.43 | 13.07 |
| 고랭지 배추 | 95.83 | 16.67 |
| 추석가을 배추 | 94.9 | 19.2 |
| 김장가을 배추 | 93.05 | 23.5 |
| 겨울월동 배추 | 95.28 | 20.24 |
| 평균 | 94.93 | 16.68 |

## (2) 무 Raphanus sativus L. Radish

무는 1~2년생 초본으로 직립하여 자라고 자황색 또는 자색을 띠며, 서늘한 기후를 좋아해서 생육적온은 20℃ 전후이다. 0℃ 이하에서는 동해를 입고, 품종에 따라서는 25℃ 이상의 고온에서 품질이 현저히 저하된다.

우리나라에서는 흔히 조선무, 왜무, 총각무, 열무 등으로 구분한다. 용도가 다르지만 배추와 마찬가지로 작황에 따라 같은 품종이라도 품질이 달라진다. 흔히 조직이 치밀하고 단맛이 나는 것이 상품성이 더 높다.

무는 과숙하면 바람들이 또는 열근裂根에 의해 품질이 저하되므로 바람들이 전에 수확해야 한다. 또한 수확 후에도 상온에 두면 성숙이 진행되고 바람이 들 수 있으며 호흡이나 수분 증발에 의해 성분이 변하므로 저온에 보관하는 것이 바람직하다. 일반적으로 저장 가능기간은 온도 0℃, 습도 90~95%의 조건하에 가을무가 2~4개월 정도이다.

무는 한랭성 작물로 25℃ 이상의 고온에서는 생육 상해를 입어 매운맛이 증가하게 되는데, 무의 매운맛 성분은 isothiocyanate류로 그중에서도 trans-4-methyl-3-butenyl isothiocyanate가 90%를 차지한다. 이것이 배당체로 있다가 조직이 파괴되면 미로시나아제myrosinase의 작용에 의해 유리되어 매운맛을 띠는데, 휘발성이 강하기 때문에 수용액 중에서는 불안정하여 점차 없어진다.

**표 3-5 | 주재료에 따른 김치류의 분류**

| 주재료 | 종류 |
|---|---|
| 배추 | 통배추김치, 보쌈김치, 백김치, 물김치, 장김치, 막김치, 섞박지, 초김치, 봄김치, 풋김치, 햇김치, 얼갈이김치, 배추장아찌, 오이쌈김치, 속대김치, 배추동치미 등 |
| 무 | 동치미, 무깍두기, 나박김치, 총각김치, 열무김치, 물김치, 무김치, 비늘김치, 채칼김치, 무장아찌, 무짠지 등 |
| 오이 | 오이지, 오이장아찌, 오이김치, 오이소박이, 오이무북어짠지 등 |
| 기타 채소 | 갓김치, 양배추김치, 시금치김치, 미나리김치, 가지김치, 파김치, 부추김치, 고들빼기김치, 돌나물김치, 박김치, 호박김치, 쌀겨김치, 풋고추김치, 고춧잎김치, 동과섞박지, 고구마줄기김치, 파짠지, 마늘장아찌, 더덕장아찌, 고추장아찌, 말랭이김치 등 |
| 동물성 재료 | 가자미식해, 안동식해, 전복김치, 굴깍두기, 닭김치, 꿩김치, 동태식해, 동태깍두기 등 |

### (3) 고추 Capsicum annuum L, Capsicum pepper, Red pepper

고추는 가지과에 속하는 고온성 채소로 생육기간이 긴 채소작물 중 하나이다. 고추는 용도에 따라 신미종 · 감미종 · 가공용 · 관상용으로 구분된다. 신미종은 한국 · 멕시코 · 인도 · 필리핀 등지에서 재배되고, 감미종은 미국 · 브라질 · 헝가리 · 일본 등지에서 재배된다. 피망이라고 하는 것은 프랑스어 피멘토 pimento에서 비롯된 것으로 감미종 고추의 총칭이다.

종자의 발육적온은 28~30℃이고, 생육적온은 낮에는 25~28℃, 밤에는 18~22℃이며, 기온이 13℃ 이하로 내려가면 새 뿌리가 발생하지 않아 지상부에서의 생육이 부진해진다.

과실의 완숙은 50일 이상 소요되며 고추의 매운맛은 착과 후 25일경부터 나타나 45일경에 최고가 되며, 착색 성숙이 완료된다.

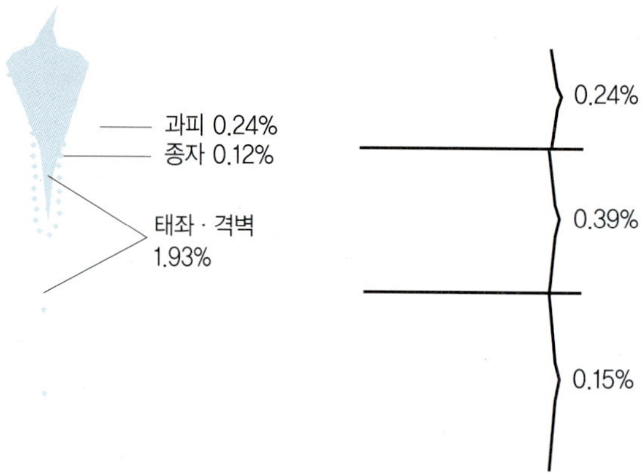


**그림 3-8 | 고추과실 내의 매운맛 성분의 분포**

고추의 식품학적 가치는 매운맛과 붉은색이다. 과실 내의 부위별 매운맛 성분인 capsaicinoid의 분포는 **그림 3-8**과 같다. 즉 과피보다 태좌와 격벽에 전체의 84%가 들어 있으며 과피에 약 10%, 나머지는 종자에 들어 있다.

고추는 붉은색과 매운맛 이외에도 당분과 감칠맛, 냄새 등이 김치의 맛에 많은 영향을 준다.

고추의 색소는 대부분 과피 조직에 있는데, 저장기간에 따라 세포 과피나 지방질의 가용화 때문에 다른 조직으로 퍼지고, 화건(50~60℃, 2일) 시에는 고온에 의해 검붉은색으로 변색된다. 또한 햇빛에 과도하게 노출되면 자외선에 의해 색소가 파괴된다.

고추의 당류 성분은 fructose, glucose, sucrose, galactose로 그중 fructose와 glucose 함량이 약 70%에 달하며 태좌보다 종자에 많이 함유되어 있다.

지방질은 대부분이 종자에 들어 있고 씨의 함량에 따라 9~16%에 이른다. 또 고추에는 비타민 C가 귤보다 20배나 많이 들어 있다.

### (4) 마늘 Allium sativum L, Garlic

마늘을 뜻하는 영어 garlic은 gar(창)과 lesc(파)가 합성된 것으로 '창 모양을 한 파'에서 유래되었다.

우리나라는 내륙 지역에서 재배되는 한지형 마늘과 남부해안 지역 일대에서 재배되는 난지형 마늘이 있다. 한지형 마늘은 내륙의 고위도 지역에서 재배되며 인편 수가 6개 착생하므로 육쪽마늘이라고 한다. 난지형 마늘은 남부지방에서 재배되는 것으로 조생 다수종이며 매운맛이 특징이다. 잎의 생육적온은 15~20℃, 발육적온은 15℃ 전후이며 인경의 비대에 적합한 온도는 10~20℃이다. 마늘은 기온이 높은 여름철에 수확하기 때문에 싹이 나오거나 오래 저장하는 동안 건조 · 부패되어 품질이 떨어진다.

한국산 마늘의 맛과 관련된 주요 성분은 알리인alliin이라는 일종의 아미노산으로 조직이 파괴되면 알리이나아제alliinase에 의해 자극적인 냄새를 내는 알리신allicin으로 변한다. 이것은 비타민 $B_1$과 쉽게 결합하여 알리티아민allithiamine을 형성함으로써 이 비타민의 작용을 도와 에너지대사를 원활하게 하여 강장작용을 한다.

이 외에도 매운맛을 내는 diallyl sulfide, diallyl disulfide, dimethyl sulfide 등의 황화합물과 향기 성분인 citral, geraniol, linalool 등이 있다.

## 4. 제조공정

일반적으로 가정에서 담그는 김치의 경우에는 배추절임과정과, 각종 조미 · 향신료를 이용하여 양념을 제조하는 과정, 그리고 포기김치와 같이 김치소를 넣거나 절인 재료와 함께 양념을 버무리는 과정이 전체의 제조과정이라 할 수 있다. 반면 산업적으로 생산되는 김치의 경우에는 배추의 입고부터 출하 시점까지 여러 단계의 제조공정을 거치게 되는데, 각 단계별 공정관리를 통해 일정한 품질을 유지할 수 있다 그림 3-9 .

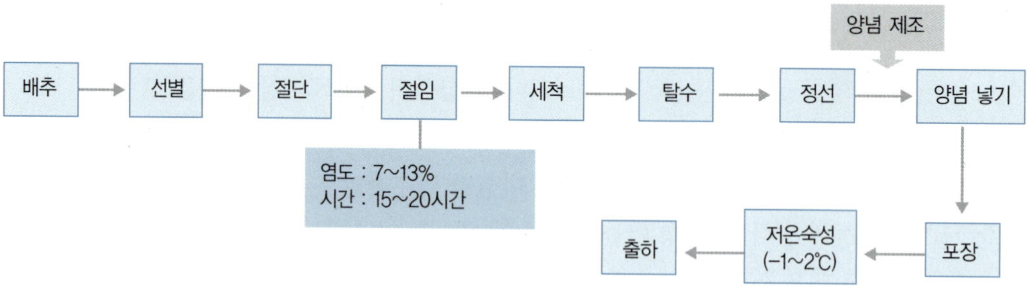


**그림 3-9** | 김치의 제조공정(예 : 포기김치류)

## 1) 배추 절이기 및 세척 · 탈수

배추김치의 주재료는 배추이다. 결구배추를 사용하는데 무겁고 단단하며 크기가 중 정도이면서 푸른 잎이 많은 것이 좋다.

배추는 2등분 또는 4등분을 하여 소금에 절인다. 절이는 방법은 마른 소금을 사용하는 방법과 염수를 사용하는 방법이 있다. 마른 소금법은 배추 잎의 사이사이에 마른 소금을 뿌려서 차곡차곡 쌓아놓는 방법이다. 이때 소금의 사용량은 배추 무게의 10~15%로 한다.

염수법은 소금물 속에 배추를 담그는 방법인데 배추 중의 최종 소금농도가 2% 정도 되게 절인다. 상온에서 배추가 2% 정도의 염도를 지니게 하려면 10~13% 소금물에 15~20시간 정도 담가두면 된다.

배추를 절이는 주목적은 간이 알맞게 배게 하고, 재료의 수분을 탈수시켜 부드럽게 하며, 세포의 기능을 정지시키기 위해서이다.

절이기가 끝난 배추는 2~3회 세척을 하고 2~4시간 탈수를 한다. 공장에서는 자동세척기를 사용하는데, 세척기는 아래부터 상부로 공기를 주입함으로써 세척수에 와류를 발생시켜 배추가 세척기의 수면에 떠가면서 자동으로 세척되도록 만든 것이다.

세척된 배추는 양념을 바르기 전에 절임 정도와 결구율에 따라 최소 2시간 이상 충분히 탈수시켜야 한다.

## 2) 양념 제조 및 속 넣기

부재료의 종류와 사용량은 일정하지 않으나, 일반적으로 무는 채썰기를 하고 대파, 부추(또는 갓)는 1~2cm 길이로 세절하며 마늘, 생강 등은 마쇄하여 사용한다.

농산물 부재료 외에 감미료, 소금, 조미료, 풀 등을 젓갈에 용해시켜 부재료들과 혼합한 후 고춧가루를 넣어 균일하게 섞어준다. 양념은 제조 후 바로 사용하는 것보다 혼합물이 균일한 산포를 이루고 페이스트paste 상태의 물성이 되었을 때 사용하는 것이 좋다.

제조된 양념은 탈수가 끝난 배추에 대략 배추와 양념의 비율이 '70:30'이 되도록 속을 넣으며 절여진 배추 잎 사이사이에 골고루 분산되도록 양념을 넣는다.

## 3) 포장 및 발효

양념 넣기가 끝난 김치는 일반 가정에서는 항아리나 일정 용기에 담아 숙성시키며, 공장에서 제조되는 김치의 경우 판매 제품의 중량에 맞게 계량하고 포장용기(vinyl-pouch, Al-pouch, tray)에 넣어 포장한다. 특히 Al-pouch를 이용한 포장용기는 김치 발효 중 발생되는 탄산가스를 흡수하는 가스흡수제를 부착하여 탈기 포장을 한 것으로 유통기간 중 포장이 부푸는 것을 최소화할 수 있다.

가정에서 제조된 김치는 개인의 취향에 따라 숙성방법(온도, 시간 등)이 다양한데, 최근에는 김치냉장고의 보급이 확대되면서 김치 제조 후 발효 및 보관을 김치냉장고에 내장된 프로그램에 따라서 진행시키기도 한다.

공장에서 제조된 김치는 대부분 발효를 거치지 않은 미숙성 상태의 김치로 유통시장에서 판매되며 유통과정 중 김치의 발효가 서서히 진행된다. 김치 제조업체들은 유통과정 중 김치의 발효과정에 대한 정보를 소비자에게 전달하기 위해 일반적으로 포장지에 제조일로부터 경과 시점에 따라 3단계로 발효 정도를 표시하는 방법을 사용하고 있다. 이러한 방법은 정확한 척도라기보다는 대략적인 발효 정도를 예측할 수 있도록 한 것이다.

## 5. 기능성

김치는 비타민, 무기질, 섬유소, 유산균, 유기산과 알코올 등이 풍부하므로 신선한 채소류의 섭취가 부족한 겨울철에 비타민과 무기질의 주요 공급원으로 작용한다. 특히 고추, 갓, 무청, 파 같은 녹황색 채소가 많이 섞이면 비타민 A, 비타민 C가 많아진다.

김치에 함유된 비타민 A, B, C의 양은 잘 익었을 때 최고 함량을 보이며 비타민 $B_1$, $B_2$, $B_{12}$ 등은 발효 적기에 처음보다 2배까지 함유량이 증가하나 김치가 과숙되면 감소한다.

김치는 발효되면서 증식하는 젖산균과 이들이 만들어낸 젖산 및 박테리오신bacteriocin에 의해 항균성, 항돌연변이성 및 항암성을 가지고 있다. 이러한 물질들은 종양세포나 바이러스 감염세포를 죽이는 T세포의 기능을 적절하게 조절하는 역할을 한다. 한편, 유산균이 만든 덱스트란dextran은 장내 정장작용을 하여 변비 치료에 효과가 있다. 또한 김치를 담글 때 사용하는 마늘, 생강, 고추 등도 생리효과에 영향을 준다. 마늘의 성분 중 하나인 알리신allicin은 혈중 콜레스테롤과 중성지방을 낮추는 효과가 있어 예부터 강장식품으로 널리 알려졌다. 또한 알리신은 비타민 $B_1$과 결합하여 분해되지 않는 형태가 되고 비타민 $B_1$의 흡수를 좋게 하는 효능이 있다. 고추의 매운맛 성분인 캡사이신capsaicin은 지방세포의 연소를 촉진하여 비만을 억제한다.

생강의 gingerone, shogaol 등은 특유의 성분으로 향과 매운맛을 낸다. 생강은 건위발한健胃發汗에 특효가 있으며 소화를 돕고 호흡작용을 촉진하는 효능이 있다.

김치에 첨가되는 새우젓이나 멸치젓은 야채류에 부족하기 쉬운 단백질, 아미노산 및 지방의 좋은 공급원이며 김치의 독특한 맛 형성에도 기여한다.

**글루코시놀레이츠**

배추는 십자화과에 속하는 채소로 우리나라에서 생산 및 소비가 높은 채소 중 하나이다. 십자화과 채소류의 특징인 매운맛과 향미는 글루코시놀레이츠glucosinolates : GSLS의 분해물에 의한 것인데, 글루코시놀레이츠는 유황 함유 배당체로 식물의 조직이 자연적 또는 가공처리와 같은 인위적인 조작(절단 · 절임 · 데치기 등의 가공과정)에 의해 파괴되면 조직 속에 존재하는 가수분해효소인 myrosinase에 의해 isothiocyanate, nitrile 및 thiocyanate 등과 같은 분해산물을 형성한다. 이러한 성분들은 항균, 항암과 같은 다양한 생리활성을 갖고 있다.

# 6. 기타 절임류

## 1) 쯔게모노

### (1) 기원

쯔게모노는 일본식 절임을 뜻하며 기원은 채소를 바닷물로 절이기 시작한 데서 비롯되었다고 한다. 문헌상으로는 8세기경 나라시대奈良時代의 토오다이지東大寺『정창원 문서正倉院文書』에 미소절임未醬漬(된장절임)의 기록이 있고, 10세기경『연희식延喜式』에 가지나 생강의 쌀겨절임, 박절임, 간장덧절임 등의 내용이 보인다.

이후 더욱 발달된 절임은 에도시대江戶時代에 와서 정착됐으며, 청주 양조기술의 발달에 따라 그 주박을 이용한 박절임이 발달하고 단무지나 코지절임麴漬이 본격적으로 발달하게 되었다.

### (2) 사용균주 및 재료

쯔게모노에서 숙성 중의 미생물의 역할은 김치에 비해 그 정도가 작다고 볼 수 있는데, 이는 절임기간에 거의 혐기상태로 유지되고 염도가 높기 때문이다 표 3-6 .

**표 3-6 | 쯔게모노의 종류별 염도(%)**

| 종류 | 평균(%) | 최저(%) | 최고(%) |
|---|---|---|---|
| 우메보시(소금절임) | 11 | 6.7 | 16.7 |
| 오이절임(간장절임) | 4.5 | 2.5 | 7.7 |
| 후쿠진즈께(간장절임) | 6.4 | 2.4 | 10.6 |
| 초절임류 | 5.5 | 2.7 | 8.1 |
| 단무지절임(쌀겨절임) | 4.4 | 2.3 | 7.6 |
| 미소절임류 | 1.2 | 2.5 | 10 |

* 小川敏男. 漬物製造, 1989

세균류 중에서는 젖산균이 중요한 역할을 하며, 특히 이상발효젖산균이 향미 생성에 영향을 준다. 염도가 낮은 절임에서는 *Leuconostoc mesenteroides*, *Lactobacillus plantarum*, *Lac. brevis* 등이 분리되며, 염도가 높은 경우에는 Pediococcus속의 출현 빈도가 높다.

단무지 숙성 시에는 주로 *Pediococcus*속의 젖산균이, 쌀겨 된장절임 시에는 *Lac. placntarum*이 주요 젖산균으로 알려졌다.

이러한 발효 관련 젖산균 이외에 절임의 변패에 관여하는 균은 낙산균으로, 낙산균은 혐기성이면서 내염성도 있으므로 절임 중 풍미를 떨어뜨리고 포장 제품에서 가스를 발생시켜 문제가 되기도 한다.

쯔게모노에 존재하는 효모는 경우에 따라서 알코올, 에스테르, 알데하이드 등을 생성하여 제품에 향을 더하지만, 반면에 가스를 발생시키거나 점질물을 생성하고 백색 피막을 형성하여 풍미 저하의 원인으로 작용하기도 한다. 감미가 높은 뱃다라즈께에는 알코올이나 에스테르 생성력이 강한 *Hansenula*속의 효모가 많고, 단무지 절임에서는 내염성은 강하지만 알코올발효성은 약한 *Debaryomyces*속이 많다.

곰팡이는 절임의 발효에는 큰 영향을 주지 않으나 유해하게 작용하는 경우가 있는데 주로 *Penicillium*속, *Cladosporium*속, *Fusarium*속 등이 생산하는 polygalacturonase, polymethylgalacturonase 등의 효소에 의한 것이다.

### (3) 종류

일본의 쯔게모노는 절임 침채원에 따라 쌀겨절임, 간장절임, 주박절임, 초절임, 소금절임, 된장절임 등이 있다. 쯔게모노는 초절임처럼 미생물의 발효에 영향을 받지 않고 조미원료의 특성에 의존하는 유형과, 발효에 의해 생성되는 고유의 풍미를 맛의 기본으로 하여 제조되는 유형으로 분류된다. **표 3-7** 은 대표적인 쯔게모노의 종류이다.

이 중에서 매실절임(梅漬 : 우메쯔게, 梅干: 우메보시)은 일본의 대표적인 쯔게모노로서 우메쯔게용으로는 이른 시기의 매실을, 우메보시용으로는 과피가 녹색에서 황색을 띠기 시작하는 것이 적당하다. 원료 매실은 숙도가 진행된 것이 당분이나 산의 함량이 많고 매실의 절임 시에 풍미도 양호하다. 절임을 한 매실은 자소 잎을 이용하여 착색하는데, 자소 잎에는 '시소닌' 이라는 안토시안계 색소가 함유되어

**표 3-7 | 쯔게모노의 종류**

| 분류 | 명칭 | 재료 |
|---|---|---|
| 쌀겨절임米糠漬 | 다꾸앙절임, 무절임 | 무 |
| 장유절임醬油漬 | 후쿠진즈께, 와리보시즈께, 채소장유절임 | 채소 |
| 주박절임酒粕漬 | 채소나라즈께, 박절임 | 고추냉이, 무, 산채 |
| 초절임酢漬 | 소금절임, 염교소금절임, 채소소금절임, 나노하나즈께, 자소씨절임, 우메보시, 매실절임 | 생강, 배추, 매실 |
| 미소절임 | 채소미소절임, 산채미소절임 | 산우엉, 고비 |
| 고추냉이절임 | | 고추냉이 |
| 코지절임麴漬 | 뱃다라즈께, 아사즈께 | |
| 덧절임諸味漬 | 장유덧절임, 미소덧절임 | |

있어 이것이 매실절임액의 산에 의하여 선홍색을 띠게 하고 향이 좋아진다.

단무지절임은 염절임을 하면서 중석으로 누르는 '누름절임' 과 무를 건조하여 절임하는 '건조절임' 이 있다. 단무지 무의 건조는 매우 중요한 과정 중의 하나로 무를 건조하는 정도는 제품의 저장기간에 따라 적당히 조절한다.

기온이 높은 계절에 무를 건조하면 바람이 들기 때문에 누름절임을 하게 된다.

건조와 절임이 완료된 무는 쌀겨(미강), 소금, 조미료, 색소 등을 혼합한 담금액에 담아서 5~10일간 숙성하여 제품으로 만든다. 건조 후에 통에 담을 때 통은 물로 씻고 1~2주일 동안 말리며 담기 전 뜨거운 물로 한 번 세척하여 살균하는 것이 좋다.

간장절임은 후쿠진 쯔게福神漬와 야채의 간

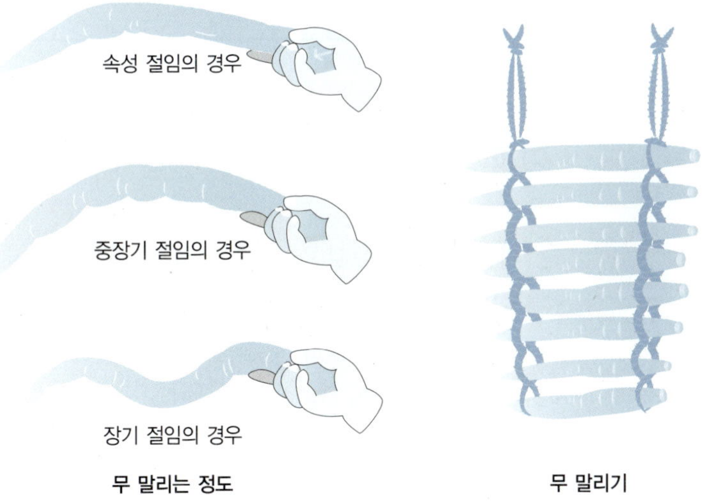


**그림 3-10 | 단무지 건조방법**

장절임이 대표적이다. 후쿠진쯔게는 무, 가지, 오이, 자소, 연근, 생강, 버섯 등 야채원료를 염장 · 탈염한 후 간장, 설탕, 물엿, 식초 등 각종 조미료를 혼합하여 만든 조미액에 겨울에는 1주간, 여름에는 3~4일 정도 담근 후 제품화한 것이다. 반면에 야채의 간장절임은 감미료를 첨가하지 않고 간장의 감칠맛이 기본이 되는 쯔게모노로서, 오이가 간장절임에서 중요한 위치를 차지하고 있다.

주박절임은 청주清酒 제조 시에 부산물로 나오는 주박을 이용하는데, 겨울에서 봄에 걸쳐 나오는 압착박을 소주(알코올)에 개어서 숙성한 것을 사용한다. 압착한 직후의 주박은 쌀 입자가 남아 있고 코지Koji 향이 강하여 풍미가 떨어지기 때문에 숙성시켜 사용하지 않으면 안 된다. 주박의 숙성에 의하여 미분해된 전분이 당분으로 변하면서 감미가 증가하고 산이 생성되면서 풍미가 형성된다.

주박절임의 대표적인 제품으로는 나라쯔게奈良漬가 있는데, 이것은 무나 울외 같은 야채원료를 밑절임한 후 주박과 감미료, 소금 등을 혼합하여 만든 조미액에 담가 숙성시켜 주박의 고유한 풍미가 생성되도록 만든 제품이다.

**표 3-8 | 단무지 무의 건조 정도**

| 익는 시기 | 건조 정도 | 건조 일수 |
|---|---|---|
| 1~2월 | 양쪽을 잡으면 약간 구부러지는 정도 | 5~7일 |
| 3~5월 | 활 모양으로 구부려도 부러지지 않는 정도 | 10일 |
| 6~7월 | 원형으로 구부려도 부러지지 않는 정도 | 10~13일 |
| 7월 이후 | 구부려서 맞닿을 정도 | 15일 내외 |

## 2) 피클

피클은 양파, 브로콜리, 당근, 오이 등을 재료로 사용하며, 저염도에서 젖산발효를 활발하게 진행시킨 발효 피클과 식초를 이용하는 초절임 피클로 구분한다. 맛에 따라 신맛이 강한 sour pickle과 단맛이 강한 sweet pickle로 구분하기도 한다. 피클에는 Dill, All spice, 육계, 세이지, 타임, 월계수 잎, 카다몬, 코리앤더, 후추, 고추 등의 많은 향신료가 사용되어 풍미를 증진시키는 역할을 한다.

발효 피클은 채소류 중 오이가 가장 많이 사용되는데, 피클용 오이는 미숙한 녹색을 띠고 크기가 작은 것이 좋다. 완숙해서 외피가 누렇거나 크기가 큰 것은 당 함량이 너무 높고 완충능력이 낮아서 좋지 않다. 표면에 곰팡이가 증식된 것을 사용했을 때에는 조직의 연화가 쉽게 이루어지고, 상처가 난 것은 그 부분에서 비정상적인 발효가 발생하므로 좋지 않다.

미숙한 녹색의 오이에는 biotin, niacin 및 pantothenic acid 등 젖산균의 증식에 필수적인 비타민이 적절히 함유되어 있으며 leucine, isoleucine, valin, tryptophan, glutamic acid, cystein 등도 풍부하여 젖산균에 매우 좋은 배지가 된다. 당분은 2.0% 정도 함유되어 있으며 크기가 클수록 당 함량이 높다. 당은 주로 glucose와 fructose이다. 신선한 오이의 pH는 4.4~6.1인데 지름이 작고 무게가 가벼운 것일수록 pH가 높다. 물론 당 함량과 pH 범위는 젖산균의 생육조건과 잘 일치한다.

크기가 너무 작은 미숙 오이는 과일 끝에 시든 오이꽃이 붙어 있고 이 부분에 곰팡이의 펙틴 분해효소가 다량 함유되어 있어 발효 중 연부현상을 일으키므로 좋지 않다.

절임 시에는 오이를 그대로 또는 절단하여 소금물에 담그는데 하절기에는 약 10%, 동절기에는 6~8%가 적당하다. 절임기간은 원료 오이의 처리방법에 따라 조금씩 달라지며, 절임 중 김치에서와 같은 젖산발효가 일어난다. 초기에는 *Leuconostoc*속의 젖산균이 발효를 이어가게 된다.

피클도 발효 후기 효모에 의한 연부현상과 가스팽창(원료 오이가 부푸는 현상)이 문제가 되어 산업적으로는 절임탱크에 질소가스를 공급하여 산소를 차단하는 방법을 사용하기도 한다 그림 3-11.

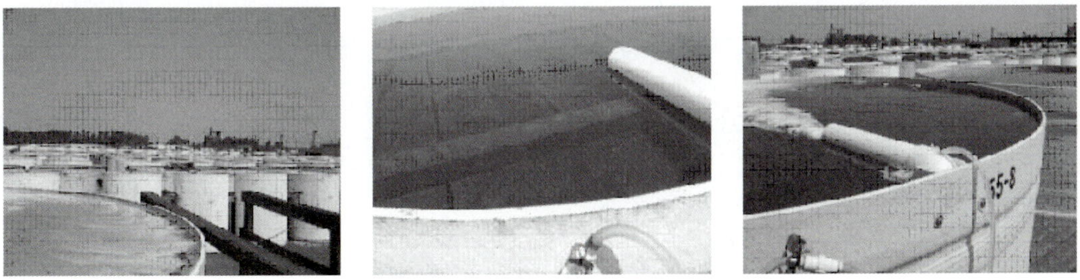

피클 절임탱크 | 절임 진행 중 | 공기 주입

**그림 3-11** | 피클 절임

효모는 초기 소금농도가 너무 높은 경우에는 젖산균이 당을 산으로 충분히 전환시키지 못하므로 문제가 발생한다. 오이 발효과정 중에 나타나는 표면효모 중 빈도가 높은 것은 *Brettanomyces*속, *Hansenula*속, *Candida*속, *Saccharomyces*속 등이다. 표면효모는 탱크의 소금물 표면에 피막을 만들어서 왕성하게 증식하지만 직사광선을 쬐어주면 효과적으로 억제된다.

이들 효모는 젖산을 산화하여 감소시켜서 대장균군과 젖산균이 다시 증식할 수 있을 정도로 pH를 상승시킨다. 표면효모가 왕성하게 자라면 곰팡이와 부패세균이 쉽게 증식한다. 그 결과 피클의 풍미가 저하되어 상품으로서의 가치가 떨어진다 **그림 3-12**.

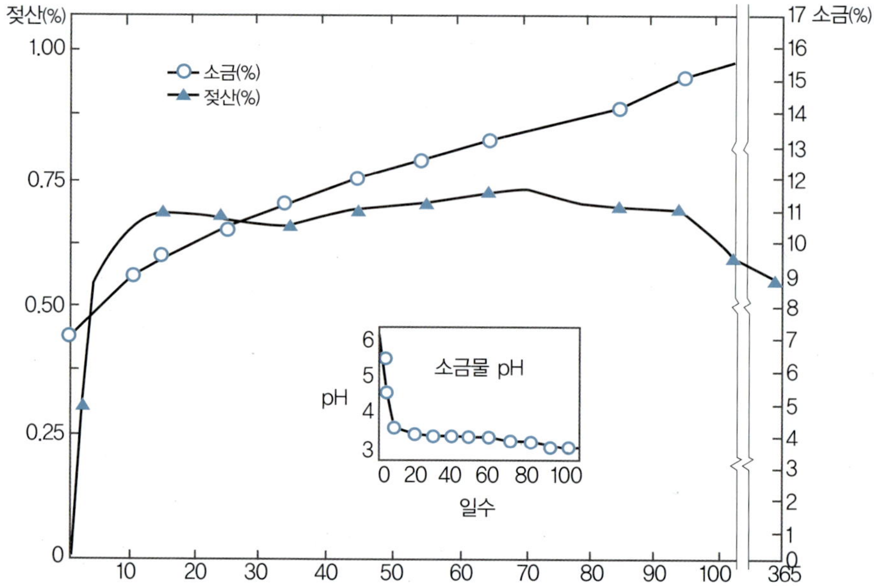


**그림 3-12** | 오이피클 발효 중 소금농도와 산도 변화

# 주류

Chapter 4

1. 술의 유래
2. 술의 분류
3. 탁주와 약주
4. 맥주
5. 포도주
6. 청주
7. 증류주

# 4

# FERMENTED FOOD

## 1. 술의 유래

술은 인류가 지구상에 출현하기 이전부터 자연발생적으로 존재했을 것으로 추정된다. 당분을 함유하고 있는 과실과 곡식이 오목한 돌이나 바위에 떨어져서 자연적으로 발효를 일으켜 술이 되었을 것이다. 그 후 지구상에 원시인이 출현하여 식물의 뿌리나 열매 또는 수렵을 통해 식량을 해결하는 가운데 자연발효된 액을 마셨을 것으로 보인다. 그러나 인류가 최초로 마셨던 액체가 술이라는 의미는 몰랐을 것이다. 이후 인간이 살아가면서 식량을 저장해야 할 필요성을 느끼게 되어 먹다 남은 과실을 동굴에 모아 두었는데 시간이 흐름에 따라 자연발생적으로 발효되어 술로 변하게 되었을 것이다. 그 후 이를 먹었을 때 이상하게 기분이 좋아진다는 사실을 알게 되고 야생과일을 대량으로 따다가 그릇에 넣어둔 후 이상한 액체가 되기를 기대한 것이 인류가 의식적으로 술을 만들어 마시게 된 시초일 것으로 추측된다.

술의 역사적인 내력을 보면 과실주, 유주, 곡주 형태로 태고부터 양조되어 전래되어 왔지만 그 기원은 분명하지 않다.

중국의 황제문에 쓰인 천문에 주준이라는 별의 기록과 주역 중의 많은 술의 기록, 우리나라 순조조의 경세가 및 목원십육지의 주례총서에 의하면 술의 기원은 명확하지 않고 고증할 방법은 없으나 문자가 있기 전일 것이라고 기술된 것, 그리고 이집트 로제타Rosetta에서 발견된 석판과 옛 도시 바빌론Babylon에서 발굴된 유물에서 기원전에 이미 맥주의 양조가 있었다는 것이 인정된다는 것으로 미루어 동서양을 통해 아주 오래전부터 술이 있었을 것으로 추정된다.

우리나라에서의 술의 유래도 명확하지는 않으나 단군왕검의 신농제, 무천의식, 동명왕의 탄생설화, 곡하주와 연관된 고구려 여인의 전설 등으로 보아 부족사회 시대부터 예물, 공물과 음용을 위하여 술의 제조가 있었으며, 삼한시대에는 양조법의 체계가 이루어지고 삼국시대에는 독자적인 술 문화권이 형성되었으며, 이를 발전시킨 양조법이 백제인들에 의하여 일본으로 전수되기도 하였다. 그리고 소주는 고려 충렬왕 때에 원나라를 통하여 전래되어 초기에는 약용으로 이용되었으나 조선시대에 와서 일반적으로 음용하게 되었다. 평양에서는 소주를 감홍로라는 이름으로 불렀으며, 남한의 재소주는 태국에서 전래된 것이라고 한다.

현재 우리나라에서는 탁주, 약주, 맥주, 청주, 포도주, 희석식 소주, 위스키, 브랜드 및 기타 재제주 등 많은 주류가 제조되고 있으나 여기서 한국의 주류라 함은 한국에서 독자적인 양조법으로 발전해온 전통적인 약주, 탁주, 소주, 혼양주 등을 말한다.

그러나 일제 강점하의 1907년 일본의 '주세령'이 공포되어 가정에서 술을 빚으려면 관청에 신고를 해야 했고 술에 비싼 세금이 매겨지기 시작했다. 이 세금 부과 방식에 따라 1916년에는 다양하던 술이 약주, 탁주, 소주, 일본청주로 단순화됐다. 급기야 1917년에는 아예 집에서 술을 빚지 못하게 했다. 이런 정책이 해방 이후에도 이어지다가 박정희 정권하에서는 '밥 해먹을 쌀도 모자란다'는 이유로 쌀로 막걸리를 만드는 것조차 금지했다.

이후 소득 증대에 따라 다양한 우리 술에 대한 수요가 생겨나고 1988년 올림픽을 계기로 우리 고유의 전통에 대한 관심이 높아지면서 전통주 제조업자가 다시 생겨나기 시작했다. 그러나 여전히 '징세' 위주의 주류 정책으로 인해 전통주는 수많은 규제 장벽을 넘지 못하고 있는 것이 오늘의 현실이다.

최근에는 한류의 바람을 타고 막걸리가 세계적으로 인기를 끌고 있으며, 이는 전통 주류의 소비 촉진 및 다품종 · 다양화로 이어질 것으로 기대된다.

## 2. 술의 분류

알코올성 주류인 술은 원료와 발효방법에 따라 여러 가지 분류법이 있으나 편의상 제조공정에 따라 분류하면 크게 양조주Fermented Drink, 증류주Distilled Drink, 혼성주Compounded Drink, 조주Mixed Drink로 구분된다.

- 주류
  - 발효주(양조주)
    - 단발효주 : 포도주, 사과주, 일반 과실주
    - 복발효주
      - 단행복발효주 : 맥주
      - 병행복발효주 : 탁주, 청주, 적주, 소홍주
  - 증류주
    - 단행발효주 : 브랜디(Brandy), 럼(Rum), 아락(Arrack)
    - 단행복발효주 : 위스키, 보드카, 진(Gin)
    - 병행복발효주 : 소주, 고량주, 아와모리(Awamori)
  - 혼성주
    - 재제주 : 홍주
    - 합성주 : 감미포도주, 합성청주
    - 약용주 : 인삼주, 매실주

## 1) 양조주

과실이나 곡물에 함유되어 있는 당분을 효모로 발효시켜 만든 술이다. 양조주는 알코올발효가 끝난 술을 직접 또는 여과해서 마실 수 있고, 원료 자체에서 우러나는 성분을 음미할 수 있으며, 알코올 함량이 15% 이하로 비교적 낮아 부담없이 즐길 수 있는 술이다.

과실을 주재료로 하여 만든 양조주를 와인Wine이라고 하는데, 포도를 발효시켜 만든 포도주가 대표적이므로 협의의 와인이란 포도주를 의미한다. 곡물을 주재료로 하여 만든 양조주로는 맥주가 대표적이고, 그 외에 청주와 탁주가 있다.

단발효주는 포도주와 같이 과실 자체의 당분을 효모의 작용에 의해 발효시킨 술이며, 복발효주는 원료의 주성분인 전분의 당화과정이 필요하다.

단행복발효주는 맥주와 같이 당화와 효모에 의한 발효공정이 분리되어 양조되는 술이며, 병행복발효주는 탁주와 같이 누룩 등의 amylase가 전분의 당화와 발효공정이 분리되지 않고 병행하여 효모의 알코올발효가 진행되는 방식의 것을 말한다.

## 2) 증류주

과실이나 곡류로 만든 양조주를 증류기로 증류한 것으로서 알코올 도수가 높은 술이다. 양조주보다 순도가 높은 주정을 얻기 위해서는 1차 발효된 양조주를 증류시켜야 한다. 알코올과 물의 끓는점의 차이를 이용하여 양조주를 서서히 가열하면 끓는점이 낮은 알코올이 먼저 증발하는데, 이러한 증기를 모아서 냉각시키면 고농도의 알코올 액체를 얻을 수 있다. 과실을 이용한 증류주로는 위스키와 브랜디가 있으며, 곡류를 이용한 증류주로는 진, 럼, 보드카, 테킬라, 소주 등이 있다. 우리나라 소주에는 안동소주와 같은 순수 증류주도 있지만, 일반 소주의 경우 곡물발효액을 96%까지 증류한 것을 마시기 편하게 알코올 도수 21% 전후로 묽게 희석하였기 때문에 희석주라고 한다.

### 3) 혼성주

혼성주는 증류주를 기본으로 하여 과실, 꽃 등의 천연향료를 배합한 후 감미료를 첨가하고 착색하여 만든 술로서 화려한 맛과 색을 자랑한다. 혼성주는 지역의 원료로 만든 증류주에다 그 지역 특유의 약초나 향초 등을 넣어 만드는데 베네딕틴Benedictine, 갈리아노Galliano, 카카오Cacao, 깔루아Kahlua 등 그 종류가 나라마다 다양하다.

이러한 혼성주는 스트레이트로도 즐겨 마시지만 주로 칵테일 위주로 많이 사용된다. 따라서 다양한 혼성주가 없었다면 다양한 칵테일도 존재할 수 없다.

### 4) 조주

흔히 칵테일Cocktail이라고 부르며, 알코올성 음료에 다른 알코올성 음료나 비알코올성 음료를 섞어 만든 술이다. 칵테일은 6가지 증류주, 즉 위스키Whisky, 브랜디Brandy, 진Jin, 럼Rum, 보드카Vodka, 테킬라Tequila 및 와인 등의 술을 기주로 하여 각종 부재료를 섞어 만드는데 맛, 향, 색의 조화를 느낄 수 있는 예술적 감각의 술로 평가되고 있다.

# 3. 탁주와 약주

탁주와 약주는 우리나라 재래주로서 천 년 이상 양조되어 왔으며, 특히 탁주는 농주, 회주, 막걸리라고도 하여 예로부터 널리 음용되어 왔던 가장 오랜 역사를 가진 술이다.

탁주와 약주는 찹쌀 또는 멥쌀을 원료로 하여 발효제로서 누룩을 첨가하여 병행복발효주의 제조방법에 의해 양조되며, 지역에 따른 원료와 발효제인 누룩의 종류, 미생물상의 차이로 다양한 맛과 풍미를 갖는 술의 제조가 가능하다.

## 1) 기원

우리나라는 예로부터 벼농사를 주로 했기 때문에 쌀과 곡자를 원료로 하는 쌀 술이 발달하게 된 것은 당연한 일이다. 따라서 탁주의 정확한 기원은 분명치 않으나 오랫동안 약주와 탁주의 구별은 없었던 것이 사실이다. 막걸리는 쌀(고두밥)과 물, 그리고 누룩을 혼합하여 발효시켜 양조한 술덧을 체로 거칠게 걸러낸 후 마시기에 적당하도록 물을 타서 알코올 도수를 낮춘 술로서, 막걸리라는 명칭은 '마구 걸렀다' 는 뜻에서 유래했다. 이렇게 마구 거른 술은 '술 빛깔이 흐리고 탁하다' 는 뜻에서 탁배기, 탁주濁酒, '집집마다 담그는 술' 이라고 하여 가주家酒, '술 빛깔이 우유처럼 희다' 하여 백주白酒, '농사일에 널리 쓰이는 술' 이라 하여 농주農酒, '제사를 지낼 때 제상에 올린다' 하여 제주祭酒, '백성들이 가장 많이 즐겨 마시는 술' 이라 하여 향주鄕酒, '나라를 대표하는 술' 이라 하여 국주國酒 등 여러 명칭으로 불렸다. 지역에 따라서도 옥천 · 음성에서는 '대포 막걸리', '모주', 논산에서는 '왕대포', '젓내기 술', 부산에서는 '탁배기', 경북에서는 '탁주' 등 다양한 이름이 통용되었다.

이처럼 우리나라 술 중에서 가장 오랜 역사와 전통을 가지고 있고 현재도 역시 많이 음용하고 있는 술이지만 명칭에 대하여 여전히 혼란을 겪는 이유는, 막걸리보다는 탁주라는 명칭으로 불려왔기 때문이다. 그 이유는 양반 중심의 청주 문화와 서민 중심의 탁주 문화 중 주로 양반 중심의 문화가 문헌에 대부분 존재하기 때문이며, 막걸리가 세계화되고 공식 명칭으로 불리고 있지만 현행 주세법에도 역시 막걸리는 존재하지 않고 탁주의 범주 안에 있는 한 종류의 술로 존재하기 때문이다.

탁주는 우리 민족의 토속주土俗酒로서 도시의 서민층과 농민에게까지 널리 기호층을 가지고 있는 술이다.

막걸리는 예로부터 자가自家 제조로 애용되었기 때문에 가정마다 독특한 방법으로 만들어져 그 맛이 다양한 것이 특징이며, 대중주로서의 위치도 오랫동안 유지되어 왔다.

우리의 조상들은 술을 빚을 때 ① 원료 선택, ② 누룩 잡는 시기(지금처럼 인위적으로 온도를 조절할 수 없었기 때문에), ③ 술 담글 때의 청결(잡균 방지), ④ 좋은 물(오염방지), ⑤ 깨끗한 용기 사용(오염 방지), ⑥ 온도관리 등의 육재六材를 중요시했는데 문명이 발달된 지금도 그 원리는 변하지 않고 있다.

주세법상 탁주의 정의 및 구분을 살펴보면 '곡류 기타 전분이 함유된 물료 또는 전분당澱粉糖과 국麴 및 물을 원료로 하여 발효시킨 술덧을 여과하지 아니하고 혼탁하게 제성한 것, 또는 그 발효 · 제성과정에 대통령령이 정하는 물료를 첨가한 것'으로 정의하고 있으며, 탁주의 구분은 살균 탁주(살균막걸리)와 탁주(생막걸리)로 구분한다.

살균 탁주는 65℃ 이상에서 30분 이상 가열 혹은 이와 동등 이상의 효력이 있는 방법으로 살균하여 오염되지 않도록 밀봉 포장한 것으로 규정하고 있으며, 탁주는 살균 탁주 이외의 것으로 규정하고 있다. 참고로 살균 탁주는 효모와 유산균을 살균하여 발효의 진행을 차단함으로써 맛이 균일하고 장기 보관이 가능하다는 장점이 있으나, 막걸리 특유의 톡 쏘는 청량감은 없다. 반대로 탁주는 살균과정을 거치지 않기 때문에 효모와 유산균이 살아 있고 탄산이 풍부해 맛이 신선하고 청량감이 강하며, 영양학적으로도 유산균이 많이 남아 있어 장에 좋다는 장점이 있다. 즉, 탁주는 해외 수출, 유통기한 연장 등의 인위적인 목적이 아닌 순수 발효식품으로서 대한민국 국민만이 유일하게 즐길 수 있는 특권 중의 하나라고 생각된다. 최근에는 살균 막걸리의 단점인 청량감을 극복하기 위해 탄산 주입기로 탄산을 주입하여 생막걸리와 비슷한 느낌이 나게 만든 탄산 막걸리도 출시되고 있다.

탁주는 원래 찹쌀이나 쌀을 원료로, 곡자를 발효제로 사용하여 제조해왔으나 1963년부터는 정부의 식량 정책상 원료를 쌀에서 밀가루로 대체하게 되었다. 한편 제조자들은 안일한 제조방법과 제조원가 절감 등을 목적으로 제조방법의 변이 및 제조기간의 단축 등 정상적인 주질 관리에 소홀하여 탁주의 고유한 풍미를 잃고 말았다.

그 후 1980년 말 쌀막걸리 생산이 허용되면서 후발효로 인한 탄산가스의 발생을 억제하여 시한성을 극복하고, 일정한 산도 유지와 보존기간의 연장이 가능한 기술이 개발되어 품질이 향상되었으며, 플라스틱 용기의 도입으로 상품성 제고와 이미지 개선의 기회를 갖게 되었다.

최근 막걸리가 붐을 이루면서 이제는 모든 행사에 막걸리가 등장하고 있으며, 개인 행사도 막걸리 파티로 진행될 정도로 막걸리는 하나의 문화 코드로 자리를 잡아가고 있다. 하지만 막걸리는 다양한 이름으로 불리고 또 제품에 따라 다른 명칭으로 불리기 때문에 혼란이 발생하는 것도 사실이다.

탁주와 약주는 여과 여부로 구분하는데, 술의 발효가 끝난 상태에서 용수(술을 거르는 용기)를 넣고 용수 안에 고인 맑은 술만 떠내 술지게미를 제거한 맑은 술을 약주라 하고, 술지게미를 제거하지 않은 탁한 상태를 탁주라 한다.

약주와 청주의 차이를 살펴보면, 현행 주세법상으로 13도 미만의 술은 약주, 14~25도의 술은 청주로 규정되어 있으나 양조상으로는 동일한 술이라 할 수 있다.

약주藥酒는 본래 중국에서 약으로 쓰이는 약용주를 뜻했으나 우리나라에서는 술이란 말보다 예의를 갖춘 말로서 청주의 대용어로 사용해왔으며, 조선시대 중엽 이전에는 청주로 불렸으나, 중엽부터 약주로 불리기 시작했다. 그 유래를 살펴보면 조선시대에 기근으로 인한 식량 부족의 이유로 금주령이 종종 시행되었는데, 양반이나 일부 계층에서 이런 규제를 피하기 위하여 술을 환자 치료용 목적인 약술이라 칭하여 빚어 마시면서 규제를 피하는 수단이 되었고, 이후 청주를 약주로 지칭하면서 변천되었다는 설이 있다. 또 다른 유래로 서성과 그의 어머니에 대한 이야기도 있다. 조선 중엽 약현이란 마을에 눈먼 어머니와 아들 서성이 살았는데, 가세가 기울자 서성의 어머니는 청주를 빚고 유밀과를 만들어 장에 내다 팔며 아들을 공부시켰고, 이런 어머니의 지극정성에 서성이 과거에 합격하여 오랫동안 임금의 지근거리至近距離에서 보필하며 병조판서에까지 올랐다고 한다.

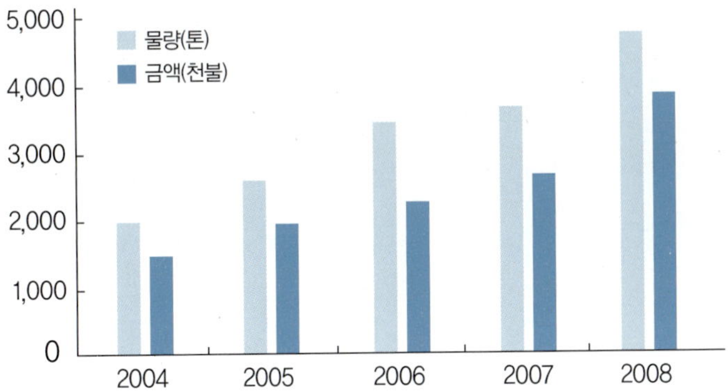


**그림 4-1 | 막걸리 대일 수출현황**

출처 : 농수산물유통공사 동경aT센터

서성이 살던 악현은 약초를 많이 재배하던 곳이라 서성의 호가 약봉이 되었고, 서성이 유명해지고 어머니의 음식 솜씨가 널리 알려지자 서성의 후광으로 어머니가 빚어 팔던 청주는 약주로, 찰밥은 약밥으로, 유밀과는 약과로 불리게 되어, 그 후 약주가 공식적인 명칭으로 전국 각지로 퍼져 나갔다는 설도 있다.

그러나 한국의 술문화는 반주문화로 볼 수 있기 때문에, 효모가 살아 있는 유산균 음료인 약주는 소화를 촉진시킨다는 점에서 소화제로서의 역할과 알코올이 혈액순환에 도움을 주어 건강 유지에 도움을 주는 효능 등을 보면 단순한 술의 의미를 넘어 약과 같다 할 수 있으므로 약주藥酒로 불린 것으로 추측된다.

최근에는 한류의 열풍으로 막걸리의 수출 역시 크게 증가하여 막걸리가 한국을 대표하는 주류로 인식되고 있다.

## 2) 원리

탁주와 약주는 병행복발효주로 당화과정과 발효과정이 병행해서 이루어진다. 원료에 들어 있는 전분을 백국균이라 불리는 *Aspergillus kawachii* 곰팡이가 포도당으로 분해하고 야생효모인 *Saccharomyces coreanus*(Lodder 3판에서는 *Saccharomyces cerevisiae*로 분리됨)가 포도당을 알코올로 발효시킨다.

## 3) 재료 및 사용균주

### (1) 재료

탁주와 약주의 제조에 사용되는 재료로는 쌀, 밀가루, 옥수수, 보리쌀, 고구마 전분당, 포도당 그리고 주조 용수와 곡자 및 입국 등이 있다.

① 쌀

쌀은 전처리, 침지, 증자, 냉각의 단계를 거친다. 쌀을 세척한 후 8~18시간 정도 물에 침지시켜 43% 정도의 수분을 흡수시키는데, 침지 중에 5~6시간마다 물을 갈아주어야 한다. 침지 후에는 2시간 이상 물빼기를 하고 1시간 정도 증자하여 냉각한다.

② 밀가루

제조용 밀가루는 1등급의 중력분이 적당하며, 밀가루에 20~30%의 물을 가하고 반죽기로 반죽을 한다. 1시간 정도 방치한 후 증자기로 40~60분간 증자한다. 이를 체로 쳐서 0.5~1.0cm³, 덧밥용은 1.0~1.5cm³ 정도의 크기로 선별한 후 냉각한다.

③ 보리쌀

보리쌀은 대체 재료로 사용되지만 비타민, 무기질, 단백질 등이 많아 여름철에 제조하는 경우 초산균을 비롯한 잡균들의 번식으로 변패가 유발되기 쉽다. 또한 철분이 많아 제품을 검게 만들어 주질을 저하시키므로 탁주와 약주의 원료로는 적합하지 못하지만 한때 식량 사정으로 인해 밀가루와 혼합되어 사용되었다. 보리쌀을 2~3시간 침지하여 증자흡수율을 제국용은 40% 내외, 덧밥용은 45% 정도로 하는 것이 좋다.

### (2) 사용균주

탁주 및 약주의 제조에 사용되는 균주는 우리나라 고유의 누룩子麴인데, 이 균주에는 amylase와 protease를 비롯한 각종 효소가 있어서 술덧 숙성 중에 전분질을 분해하여 포도당으로 만들어준다. 또 단백질을 분해하여 향미성분을 생성하고, 야생효모 등에 의한 알코올발효의 효모 공급원 역할을 한다. 누룩은 밀을 원료로 하여 제조하며, 종류에 따라서 분국粉麴과 조국粗麴으로 구분한다. 분국은 밀을 맷돌로 갈아 체를 쳐서 거른 고운 가루(주로 밀가루)로 만든 것으로 그 색이 희다 하여 백국白麴이라고도 한다. 조국은 밀가루를 빼고 남은 기울이나 혹은 밀가루를 포함하는 거친 분말로 만든 것으로, 일반적으로 누룩이라 하면 조국을 의미한다. 누룩의 품질은 술의 품질에 큰 영향을 주는데, 누룩의 제조 지역 · 용도 · 원료처리방법 · 제조법 · 제조시기에 따라 주질이 결정될 수 있다. 전통 누룩의 제조공정은 그림 4-2와 같다.

누룩의 품질은 쪼갰을 때 속까지 담황색 또는 회백색을 띠는 곰팡이가 잘 번식되어 있고 특유의 향이 있어야 좋은 것이며, 부패취나 메주냄새가 나고 속이 갈색인

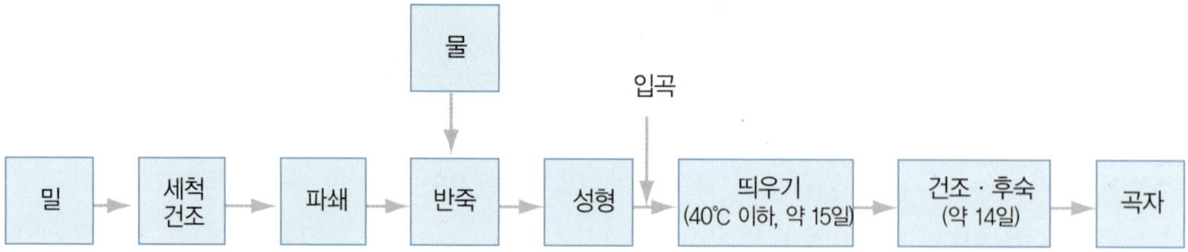


그림 4-2 | 전통 누룩 제조공정

것은 좋지 않다.

누룩에서는 *Rhizopus*, *Aspergillus*, *Mucor* 등의 곰팡이, *Saccharomyces*속의 효모와 고초균, 젖산균, 초산균 등이 검출되고 있다. 누룩에 존재하는 야생균주들은 누룩의 제조 지역이나 방법에 의해 미생물상이 달라지면서 다른 특징을 가지는 누룩이 된다. 여기에 존재하는 미생물상으로부터 발효환경을 조절하여 적절한 풍미가 생성되도록 하는 것이 중요하다. 누룩의 제조시기에 따라서 춘국(음력 1~3월), 하국(음력 4~6월), 추국(음력 7~9월), 동국(음력 10~12월)으로 구분하기도 한다.

최근에 *Aspergillus oryzae*나 *Aspergillus kawachii* 곰팡이를 순수 배양하여 누룩을 만드는 데 이용하는 경우가 있는데, 이는 전통적인 누룩이라고 볼 수 없고 일본식 누룩, 즉 코지koji와 유사한 것으로 보아야 한다. 이러한 경우는 우리나라의 재래식 곡자에서와 같이 여러 곰팡이에 의해 생산되는 유기산 등에 의한 다양한 맛이 결여되어 있으며 탁주의 맛이 제조 지역에 관계없이 유사해질 수 있다.

그림 4-3 | 재래식 막걸리 제조기구들

그림 4-4 | 누룩

### 4) 제조공정

탁주와 약주의 일반적인 제조공정은 **그림 4-5** 와 같다. 소맥분을 원료로 하여 입국을 제조한 후 주모를 함께 만들어 1단 담금에 사용한다. 다음에는 곡자를 첨가하

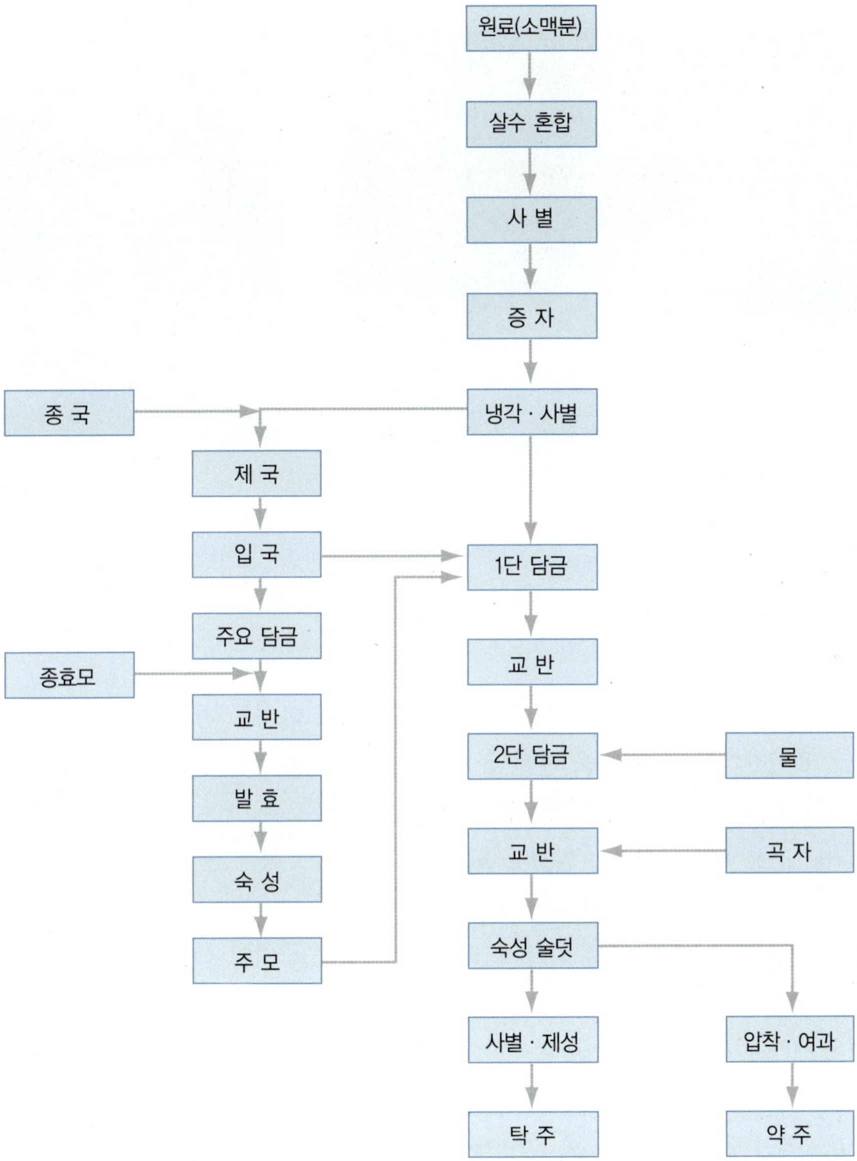


그림 4-5 | 탁주와 약주의 일반 제조공정

여 2단 담금으로 알코올발효를 촉진시킨다. 숙성된 술덧은 여과 정도에 따라 탁주와 약주로 분류한다.

현행 주세법상 탁주와 약주의 제조 원리는 거의 같으나, 제성단계에서 탁주는 체로 거칠게 걸러 혼탁한 상태를 이루며, 약주는 술덧을 압착기로 짜고 앙금질을 하거나 여과기로 여과해서 투명한 상태로 만든다는 차이점이 있다.

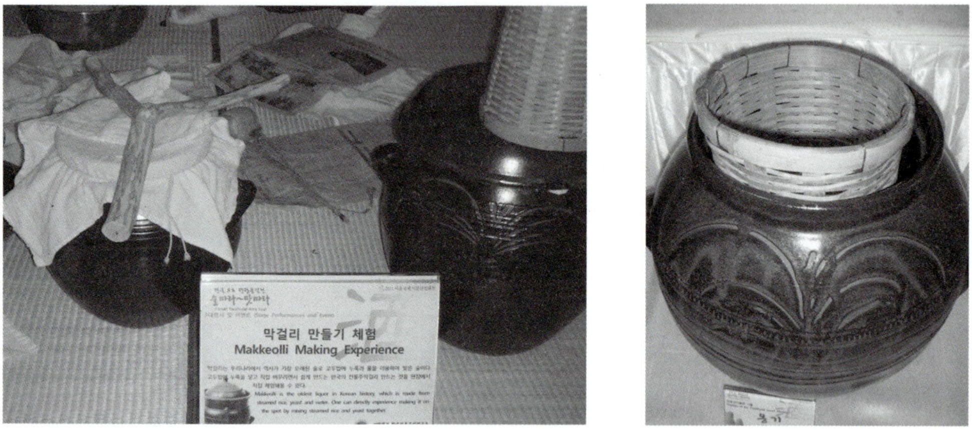


**그림 4-6** | 막걸리 만들기

## 5) 기능성

모든 술에는 양면성이 있어 백약지장百藥之長이라 하기도 하고 백독지원百毒之源이라고 표현하기도 한다. 술을 마시면 스트레스 해소에는 도움이 되나 알코올 도수가 높은 술은 위벽에 상해를 주어 궤양을 초래하기 쉽고 취하면 간장에 부담을 준다. 그러나 전통주인 막걸리는 알코올 도수가 6% 정도로 몸에 큰 부담을 주지 않으며, 사람에게 필요한 여러 영양소를 갖추고 있다.

또한 전통 막걸리에는 유익한 효모도 살아 있다. 증편이나 찐빵을 만들 때 막걸리로 반죽하면 발효가 되어 잘 부푸는 것도 이 효모의 작용이다. 효모는 생명현상과 관계가 깊은 여러 효소를 비롯하여 비타민 B 복합체, 단백질, 무기질을 함유하고 있다.

효모에는 단백질 성분으로 필수아미노산인 라이신, 트립토판, 페닐알라닌, 메티오닌 등도 균형 있게 함유되어 있다. 라이신은 체내조직의 합성에 유효하며, 트립토판은 발육과 체중유지에 중요한 작용을 하고 식욕증진, 조혈, 젖의 분비촉진에도 유효하다. 메티오닌은 인지질 합성을 조절해 간의 지방을 적절히 운반하여 지방간이나 간경화를 예방하는 효능이 있다. 미국의 하우저 박사는 『젊어 보이며 장수하는 법』이라는 그의 저서에서 효모에 들어 있는 아미노산, 비타민, 무기질 등이 젊음을 유지하고 장수하기 위해 필수적인 것이라고 언급하였다.

다른 술과는 달리 막걸리는 비타민 B 등 영양성분이 많아 인체에 부담을 주지 않고 갈증을 풀어주는 음료이다. 그래서 농사짓는 데 꼭 필요한 농주로서 자리매김을 해왔던 것이다. 쌀막걸리에는 1.2%의 단백질이 들어 있으며 함유된 아모노산의 질 또한 매우 우수하다. 우유의 단백질이 3%인 것을 감안하면 그 함유량이 결코 적은 것이 아니라는 것을 알 수 있다. 또한 수소이온 농도가 4.0으로 유기산을 0.8%나 함유하고 있다. 이 유기산은 새콤한 맛을 내는 성분으로 갈증을 멎게 할 뿐만 아니라 신진대사를 원활하게 하는 작용을 한다. 세계적으로 유명한 장수촌의 장수자들이 유기산을 다량 포함한 과실이나 발효유 등을 많이 섭취하는 것이 장수의 비결인 것은 이미 알려진 바로 막걸리 또한 기능성이 있는 주류라고 할 수 있다.

우리나라 장수자들 중에서 막걸리를 즐겨 마시는 사람이 많은 것은 결코 우연이 아닐 것이다. 좋은 막걸리는 감甘, 산酸, 신辛, 고苦, 삽미澁味가 잘 어울리고 적당한 감칠맛과 청량감을 가지고 있다. 건강에 필요한 모든 조건을 갖추었다고 해도 스트레스를 적절히 풀지 못하면 건강을 유지할 수 없는 것이 현실이다. 따라서 스트레스를 적당히 풀기 위해 가장 합당한 주류가 막걸리라 할 수 있다. 간을 요리할 때 썰어놓은 간을 막걸리에 5분 정도 담그면 냄새도 제거될 뿐 아니라 영양성분의 손실도 적어진다. 이 밖에 콜레스테롤을 낮추고 암을 예방할 뿐만 아니라 간 손상 및 갱년기 장애에도 효과가 있는 것으로 밝혀졌다.

그림 4-7 | 다양한 막걸리들

# 4. 맥주

맥주는 보리 속의 전분을 맥아의 당화효소에 의해 발효성 당으로 전환시킨 후 효모의 알코올발효작용과 일련의 생화학적 반응을 통해서 만들어지는 탄산가스와 고미苦味성분을 함유한 알코올성 음료이다.

## 1) 기원

인류가 맥주를 만들어 마시기 시작한 때는 BC 7000년경 바빌로니아시대로 추정하기도 하지만 수메르인이 최초로 만들었다고 보는 것이 정설이다. 역사적 기록에 따르면 BC 4000년경 메소포타미아의 수메르 유적지에서 출토된 점토판에 곡식을 반죽하여 빵처럼 구운 다음 물을 타서 발효시키는 맥주 양조법이 묘사되어 있기 때문이다. 바빌로니아에서는 보리로부터 맥아를 제조하여 소맥분에 섞어서 맥주빵을 만들었으며, 여기에 방향성 약용식품의 추출물을 첨가하여 자연발효시킴으로써 맥주를 만들었다.

중세에는 와인과 마찬가지로 수도원에서 맥주의 양조를 담당하였는데, 당시 수도사들에 의한 양조기술과 원료의 개량 등이 맥주의 발전에 기여하였다. 도시가 발전하고 길드제도가 정착되는 근세로 접어들면서 맥주 양조의 주도권은 수도원에서 시민계급으로 넘어가게 되는데, 13세기 체코 보헤미아의 왕 웬체슬라스Wenceslas는 맥주를 '고귀하고 전능한 음료'라고 여겨 교황으로 하여금 맥주제조 금지령을 풀어주도록 건의하였다. 이것이 체코에서 맥주 산업이 발달하게 된 원천이 되었으며, 이때부터 체코의 맥주가 전 유럽에 지대한 영향을 끼치게 되었다. 1516년 바이에른 공국의 빌헬름 4세는 유명한 '맥주 순수령'을 공포하여 독일 맥주 산업 발전의 초석을 쌓았다. 이전에는 맥주에 여러 향료식물이 첨가되었던 것을 호프hop만 사용하도록 하여 지금의 맥주 형태의 토대가 되었다.

근대적 맥주 양조의 발달은 중세 유럽의 교회에서 보리를 발아시킨 맥아와 호프를 사용하여 맥주를 만들기 시작한 데서 비롯되었고, 중부 유럽, 특히 독일 양조장의 번창이 오늘날 각 지방에 따른 독특한 형태의 맥주를 탄생시켰다.

영국의 맥주 양조는 토착민들에 의해서 전통적으로 영위되어 왔으며, 알레Ale 맥주는 25~27℃에서 상면효모에 의해 발효된 상면발효맥주이다. 독일의 라거Lager 맥주는 10~15℃의 저온에서 하면효모에 의해 발효되는 하면발효맥주로서 수개월간 저온에서 저장되면서 맥주의 물리적 안정성이 유지되어 풍미와 품질이 우수한 맥주이다.

우리가 알고 있는 Beer라는 단어는 라틴어의 Bibere에서 유래된 것이며 어원의 뜻은 '마신다'이다. 스페인에서는 맥주를 cervaza라 하는데 이는 라틴어의 ceres에서 기인한 것으로 전자는 곡물을 뜻하고 후자는 곡물에 활력Vigor을 부여하는 여신의 이름이다.

19세기 산업혁명을 거치면서 품질이 안정된 맥주가 대량으로 생산·소비되는 맥주의 근대화가 이루어졌는데, 영국의 제임스 와트가 발명한 증기기관은 맥주 양조에도 혁신을 가져왔다. 물의 이송에서부터 맥아의 분쇄, 맥즙의 교반 등에 동력이 이용됨으로써 대량생산을 위한 기초가 마련되었고, 증기기관차의 출현은 맥주와 같이 무게가 많이 나가는 상품의 운반을 쉽게 하고 거리의 장벽을 제거함으로써 맥주의 대량생산과 대량소비의 기반이 마련되는 계기가 되었다.

그 후 19세기 프랑스의 루이 파스퇴르가 술이 효모의 작용에 의해 생성된다는 사실을 발견하여 맥주의 품질이 비약적으로 발전하게 되었고, 열처리 살균법에 의해 맥주의 효모가 제거됨으로써 맥주의 장기보관이 가능해졌다. 덴마크의 한센은 파스퇴르의 이론을 응용하여 효모의 순수배양법을 발명함으로써 맥주의 질을 높이고 실용화에 접목하여 지금의 다국적 맥주회사인 칼스버그Carlsberg를 탄생시켰다.

맥주는 구한말 개항과 함께 우리나라에 처음 들어왔으며, 현재는 OB맥주(주) 및 하이트맥주(주)의 2사 경쟁구도로 재편되었다.

유럽의 전통적인 맥주는 맥아, 물, 호프 및 효모 4종류만으로 만들 것을 법으로 정하고 있으나 대부분의 나라에서는 맥주의 품질 향상, 원료 및 제조공정의 비용 절감을 위하여 맥아 외에 각종 전분질 원료를 사용하고 있다. 우리나라의 주세법상 맥주는 맥아와 호프, 그리고 백미, 옥수수, 감자녹말, 당질, 캐러멜 중의 하나 또는 그 이상의 것과 물을 원료로 발효시켜 여과 제성한 것으로 규정되어 있다. 식품공전에서의 맥주는 맥아 또는 전분질 원료, 호프 등을 주원료로 하여 발효시켜 여과 제성한 것을 말한다.

## 2) 원리

맥주는 단행복발효주로 당화작용이 먼저 일어나고 그 후 발효과정이 일어난다. 맥주의 당화작용은 원료인 보리를 싹을 틔워 맥아를 제조하여 생성된 아밀라아제amylase 효소에 의해서 일어나고, 발효과정은 효모인 *Saccharomyces*에 의해서 일어난다. 알레Ale 맥주를 만드는 상면발효효모는 발효 말기에 효모가 액의 상부에 모이는 것으로 *Saccharomyces cerevisiae*이다. 이 효모는 맥주뿐 아니라 제빵, 청주, 증류주 제조와 사료용으로 이용된다. 라거Lager 맥주를 만드는 하면발효효모는 발효 말기에 효모가 발효조의 아래쪽에 모이는 특성이 있는 *Saccharomyces carlsbergensis*이다.

## 3) 재료 및 사용균주

맥주는 사용하는 원료의 조제방법에 따라 독특한 특징을 갖게 되며, 특히 전분질의 종류, 양조용수, 호프의 형태와 사용량, 효모의 종류 등에 따라 맥주의 종류와 품질이 결정된다. 맥주 제조에 사용되는 원료들은 전통적으로 양조용수, 맥아malt, 호프hops, 효모yeast 4종류이며, 필요에 따라 전분질 부원료 또는 공정에 도움을 주는 부수적인 소재들이 있다. 그 밖에 부가적인 원료들로 색과 풍미를 부여하기 위해 첨가물인 캐러멜caramels이, 향을 더하기 위해 호프유hop oil가, 그리고 포만감을 주기 위해 탄산가스 등이 사용된다.

### (1) 보리barley

맥주용 보리로는 이조대맥二條大麥, two-rowed barley과 육조대맥六條大麥, six-rowed barley이 주로 사용된다. 맥주용 보리는 곡피가 얇고 알이 비대한 것이 좋으며 단백질은 적고 상대적으로 전분질은 많은 것이 좋다. 그러나 오늘날에는 원료의 단점을 보완할 수 있는 기술이 충분히 축적되면서 원료 선택의 폭도 그만큼 넓어졌다. 우리나라와 유럽에서는 이조대맥인 Golden melon이 주로 이용되고, 미국에서는 육조대맥이 주로 이용되고 있다.

보리는 배유endosperm 및 배아embryo로 이루어져 있다. 배유는 주로 전분질로 구성되어 있고 소량의 질소화합물과 무기질을 함유하고 있으며, 배아가 발아하는 데 영양분을 공급한다. 발효성 당의 중요한 원료인 탄수화물은 주로 65% 정도의 전분으로 맥아 추출물의 85~90%를 차지하며, 자당, 전화당, 맥아당, raffinose 등의 저분자 당류는 2~3% 정도가 된다. 과피pericarp와 종피testa로 구성된 보리껍질husk에는 cellulose가 4~5%, hemicellulose가 8~10% 정도 함유되어 있다. 종피에 소량으로 존재하는 탄닌은 맥주에 쓴맛을 증가시킨다. 과피성분인 안토시아닌anthocyanin과 페놀화합물은 단백질과 결합하여 불용성의 화합물을 만들어서 맥주가 혼탁해지는 원인이 된다.

보리 중의 질소화합물은 조단백질로 8~16% 정도이며, 발효과정에서 효모의 영양소와 맥주의 발포성foam에 매우 중요한 역할을 한다. 그러나 지나치게 높은 함량의 단백질은 탄닌과 결합하여 이 또한 맥주 혼탁의 원인이 된다. 따라서 원료보리는 맥주 종류에 적합한 질소화합물을 갖는 것이 필요하다.

### (2) 전분질 부원료

과거에는 100% 맥아만으로 된 맥주인 전맥아맥주all malt beer가 있었으나 기호성에 문제가 있으며, 너무 많은 가용성 단백질이 제품 중에 존재하여 맥주 품질이 불안정하다는 결점이 있었다. 이러한 결점을 보완하기 위하여 맥아 외에 다른 전분질을 보충함으로써 맥주의 품질을 안정화하고 제조원가도 줄일 수 있는 방법이 강구되었다.

100% 맥아만을 사용하는 전맥아법에 비해서 전분질 부원료를 보충하는 경우의 이점은 다음과 같다.

- 맥아 및 맥아즙의 제조시설을 줄일 수 있다.
- 맥아즙의 단백질이나 탄닌의 함량을 줄임으로써 단백질 혼탁을 방지하여 제품의 안정성을 높일 수 있다.
- 거품이 오래 지속되는 성질인 포지성을 향상시켜 맥주의 특성을 살릴 수 있다.
- 색도를 낮추고 향이 부드러워진다.
- 고농도 알코올발효가 가능하다.

전분질 원료로 주로 쓰이는 것은 옥수수, 쌀, 밀, 보리 등이다. 이들 곡물에서 추출한 정제전분도 사용되는데, 우리나라에서는 옥수수 전분이나 쌀이 이용되기도 한다.

최근에는 맥아 외의 부원료를 쓰지 않고도 맥주의 특성을 높일 수 있는 기술이 개발되어 다시 전맥아 맥주가 등장하게 되었다.

### (3) 호프Hops

호프는 *Humulus lupulus*라는 학명을 가진 넝쿨로 자라는 숙근성의 자웅이주로 되어 있으며, 넝쿨 때문에 높은 지주를 세워서 재배한다. 호프 식물체에서 맥주 양조에 쓰이는 부분은 수정되지 않은 암꽃이므로 웅주를 멀리하고 수정을 피해야 한다.

암꽃의 꽃잎은 솔방울 모양으로 겹겹이 되어 있어서 이것을 구과球果, hop cone라 부르고 일반적으로 맥주 양조에서 '호프'라 하면 이 구과를 뜻한다. 구과 중에서 맥주에 필수적인 성분은 꽃잎 기부에 있는 기름덩이 모양의 루풀린lupulin이라고 하는 황금색 알갱이에서 분비되는 호프수지hop resin와 호프유hop oil이다.

호프수지는 맥주에 특유의 향을 부여하며 맥주의 기포성과 색상을 좋게 한다. 또한 방부성이 있어서 제품 보존에 효과가 있으며 적당한 쓴맛을 준다. 신선한 호프로부터 분리된 호프수지를 hexane으로 추출하면 불용성의 경수지hard resin와 가용성의 연수지soft resin로 분리된다. 연수지는 호프의 쓴맛을 주는 성분이며 $\alpha$-산$\alpha$-acid, $\beta$-산$\beta$-acid 및 기타 연수지 물질로 구성되어 있다.

호프가 맥주 제조과정에 투입되면 호프의 2~12%를 차지하는 $\alpha$-산이 맥아를 끓일 때 iso-$\alpha$-acid로 이성화isomerization되어 쓴맛이 증가한다. 이렇게 중요한 $\alpha$-산의

그림 4-8 | 호프 구과

이성화 반응이 실제 맥주 제조공정에서는 25~30%밖에 이루어지지 않아 원료의 70~80%는 쓸모없게 되어 경제적 손실이 크다. 그래서 최근에는 이러한 손실을 줄이기 위한 방안이 모색되고 있다.

호프유는 terpene, sesquiterpene 및 ester와 같은 여러 종류의 화합물로 구성되어 있어 쉽게 산화되어 불쾌한 냄새를 만든다. 맥아즙을 끓일 때 대부분이 휘발되고 남은 것이 맥주에 독특한 향미를 부여한다.

호프수지 성분 중의 탄닌은 맥주 제조 중에 단백질과 결합하여 불용성의 침전물을 형성해서 제거되므로 단백혼탁을 예방해 제품의 안정화에 기여한다. 그러나 경도가 높은 물을 사용했을 때에는 탄닌이 침전되어 문제를 야기하는 경우도 있다.

**표 4-1 | 호프의 화학성분 조성**

| 구성성분 | 농도(%, W/W) |
|---|---|
| 섬유소celluose, lignins | 40.4 |
| 전체 수지total resins | 15.0 |
| 조단백질kjeldahl nitrogen | 15.0 |
| 물water | 10.0 |
| 회분ash | 8.0 |
| 탄닌tannins | 4.0 |
| 지방질류fats, waxes | 3.0 |
| 펙틴pectin | 2.0 |
| 당simple sugars | 2.0 |
| 호프유hop oils | 0.5 |
| 아미노산amino acids | 0.1 |

### 4) 제조공정

맥주의 일반적인 제조공정은 그림 4-9 와 같다.

그림 4-9 | 맥주의 일반적 제조공정

## 5) 기능성

맥주의 기능으로는 항암, 혈압강하, 지질대사 개선, 비만억제, 당뇨병 개선, 항산화, 골다공증 개선 등이 알려져 있다.

## 5. 포도주

포도주는 당과 산이나 물을 첨가하지 않고 순수한 포도의 과즙이 효모에 의해 발효되어 만들어지는 양조주이다. 와인이라 하면 포도로 만든 포도주만 생각하기 쉽지만, 넓은 의미에서 와인은 과일을 발효시켜 만든 과실주를 말한다. 포도로 만든 포도와인, 사과로 만든 사과와인, 딸기와인, 체리와인, 복분자주, 머루주 등이 모두 와인에 속한다. 다만 세계적으로 포도와인이 일반화되어 통상적으로 와인하면 포도주를 일컫는다.

### 1) 기원

인류는 언제부터 과일을 발효시킨 와인을 마시기 시작했을까? BC 6000~8000년경 고대 유적에서 발견된 재배용 포도 씨앗과 술을 담는 토기, 포도 압착기 등의 유물로 보아 와인을 만들기 시작한 것은 그 이전일 것으로 추정된다. 와인의 발현지는 유적과 성경 등의 기록에 따르면 흑해와 소아시아 지방으로 추정된다. 구약성서에 의하면 포도나무를 심은 사람은 노아였다. 이집트와 시리아의 고대문명 발생지에서도 양조 기록을 볼 수 있다. 포도주는 BC 3500년경에 터키에서 제조되기 시작했고, BC 1700년경 바빌로니아 함무라비 법전에는 포도주 상인이 포도주의 양을 속여 팔면 물속에 처넣었다는 기록이 있으며, 성경에 따르면 노아가 대홍수 이후 첫 농사를 지은 다음 포도주를 담가 마시고 대취하였다는 기록이 전해지고 있다.

와인이 본격적으로 세계 여러 지역으로 전파되기 시작한 것은 로마시대부터이다. 와인에 매료된 로마의 지배자들은 프랑스, 스페인, 포르투갈, 독일 등의 식민지에 포도원을 조성하여 좋은 와인 확보에 열을 올렸고, 재배기술을 전파하여 와인 발전에 크게 공헌하였다. 이로써 유럽이 세계 와인의 중심지로 발전하는 기틀이 마련되었다.

로마 제국이 멸망한 후 포도 재배는 수세기 동안 교회의 수도원에 의해 전파되었다. 당시에는 모든 학문의 중심지였던 수도원의 수도사들에 의해 학문적으로 포도 재배기술이 연구되었고 와인의 개량, 발전에도 크게 공헌하게 된다.

이 같은 포도 재배와 와인 양조의 기술은 기독교 전파에도 이용되었다. 국가로부터 면세 혜택 등 정책적인 배려에 의해 이들 유럽 포도원은 거의 교회의 소유가 되었다. 중세 혼돈기가 점차 안정되자 와인 소비가 급속히 증가하면서 수도원 중심으로 대형 와인 양조장들이 생겼다. 이에 따라 프랑스의 보르도와 부르고뉴는 레드와인 산지로 유명해졌다.

한편 유럽의 다른 지역에서는 전혀 다른 맛의 와인을 생산하기 시작했다. 와인에 브랜디를 혼합한 셰리sherry 와인과 포트port 와인이 스페인과 포르투갈에서 개발되어 만들어지기 시작했다. 1789년 프랑스혁명이 일어나 왕권이 붕괴되고 국가의 보호 아래 귀족이나 성당이 소유하고 있던 대규모 포도원은 분할 · 분배되어 자유로운 와인 유통이 가능해졌다. 시민계급이 형성되면서 와인의 소비도 급증하였으며, 소지주나 일반 시민도 와인을 생산할 수 있게 되었다. 이때부터 와인은 유럽인들이 일상에서 즐겨 마시는 술로 자리 잡았다. 이후 콜럼버스의 신대륙 발견과 스페인의 멕시코 정복으로 인해 양조용 포도와 와인이 북미와 남미 지역에까지 전파되어 오늘날 와인 명산지로 발전하게 되었다.

우리나라의 포도주 역사는 짧은 편으로 과거에는 일반 가정에서 식용포도를 이용해 직접 포도주를 담그거나 공장에서 주정을 첨가한 저급 포도주를 생산한 것이 고작이었다. 국내에서는 1967년에 사과를 원료로 한 '파라다이스'가 등장하면서 최초의 과실주가 시판되었고, 양조 포도주로는 1974년 노블 포도주가 생산되었으며, 1977년 정통 고급 포도주인 마주왕이 생산되면서 새로운 장이 열리게 되었다. 그러나 1980년대 말부터 수입 개방에 따라 다양한 와인이 수입되어 한국산 와인은 그 싹을 틔워보기도 전에 시들고 말았다. 최근 들어 건강에 대한 관심이 높아지면서 와인이 몸에 좋다고 알려져 그 수요가 증가하고 있다. 외국 와인 수입이 급증하는 것과 동시에 국산 과일을 이용한 와인 개발에도 새로운 전기가 마련되고 있다. 충북 영동과 경기도 안성, 대부도, 경북 경산 등 유명 포도 재배지역에서 생산한 포도를 이용해 한국인의 입맛에 맞는 새로운 와인을 생산하고 있다. 포도 이외에 머루, 사과, 배, 감, 딸기 등을 이용한 다양한 과일 와인들도 속속 출시되고 있다. 최근 큰 인기를 얻고 있는 복분자 와인의 등장은 매우 고무적이다. 복분자 와인은 우리나라의 토속주로, 맛과 향이 좋으면서도 약효가 뛰어난 술로 알려졌다. 국산 머루로 만든 머루주와 뽕나무 열매인 오디로 만든 오디주도 인기리에 생산, 판매되고 있으며 복분자 와인과 함께 우리나라 3대 와인으로 자리 잡고 있다.

## 2) 원리

포도주는 단발효주로 원료인 포도에 존재하는 포도당을 이용하여 발효과정을 거쳐 알코올을 생성한다. 포도주 효모로는 *Saccharomyces cerevisiae* var. *ellipsoideus*(*Saccharomyces ellipsoideus*)가 알려져 있다.

## 3) 재료 및 사용균주

### (1) 포도의 품종

포도는 Vitaceae과의 Vitis종에 속하며 같은 품종이라 하더라도 수많은 변종이 있다. 변종은 색깔, 조직, 당도, 산도, 숙기 및 내병충성에 따라 큰 차이를 보인다.

포도 품종은 포도주 제조에 매우 중요한 요소로서 그 종에 따라 독특한 성분조성과 향미가 다르므로 제조하고자 하는 포도주의 유형에 맞는 품종을 선정해야 한다. 널리 재배되는 품종으로는 다양한 향미를 갖는 유럽계의 *Vitis vinifera*와 북미가 원산지로 알려진 약간의 신 향미를 갖는 *Vitis labrusca*, 미국 남부지역에서 주로 생산되는 품종인 *Vitis rotundifolia*가 있다.

### (2) 사용균주

① 효모

포도주는 당과 산이나 물을 첨가하지 않고 순수한 포도의 내용물만으로 효모에 의하여 포도 내의 당을 혐기성 조건하에서 알코올, 이산화탄소 및 소량의 부산물로 전환시키는 것으로, 발효과정에 쓰이는 배양효모는 *Saccharomyces ellipsoideus*이다. 포도의 과피에는 수많은 야생효모가 붙어 있는데, 과거에는 야생효모의 자연발효에 의해 제조될 수 있었으나 이들은 $SO_2$나 알코올에 의해 생육이 억제되므로 항상 동일한 성분의 제품을 생산하기가 어려웠고 미생물의 관리 또한 불가능했다. 그러나 와인의 산패현상에 대한 연구를 한 파스퇴르 이후 포도주 발효용 배양효모를 사용함으로써 동일한 제품의 포도주를 대량으로 안전하게 제조하게 되었다.

② 세균

포도주 발효에 관여하는 세균은 초산균과 젖산균이다. 대표적인 초산균으로는 *Acetobacter aceti*와 *Acetobacter mesoxydans*가 있는데, 알코올을 산화시켜 초산으로 전환시킨다. 이들은 $SO_2$ 첨가에 의해 저해되므로 발효과정에서는 큰 문제가 없으나 공기가 접촉되는 발효액 표면에서의 호기성 균에 의한 알코올 산화는 포도주 품질에 큰 영향을 끼친다. 특히 적포도주에서 발효가 진행됨에 따라 발생되는 $CO_2$에 의해 포도껍질이 표면으로 떠오르면서 형성되는 cap으로 인해 호기적 작용이 문제될 수도 있다. 따라서 포도주를 저장할 때는 공기의 접촉을 피하기 위하여 용기에 액을 가득 채우거나 $SO_2$를 적절히 사용하여 초산균의 번식을 억제시킨다. 젖산균에는 *Lactobacillus*, *Pediococcus*, *Leuconstoc*이 있는데 혐기성 균이고 산과 알코올에 대한 내성이 강하다. 이들은 malic acid를 lactic acid와 $CO_2$로 전환시킴으로써 포도주의 산도를 줄이고 향미를 개선시킨다.

③ 곰팡이

포도주 발효에 관여하는 중요한 곰팡이는 귀부균noble rot mold이라고 불리는 *Botrytis cinerea*이다. 이 곰팡이는 포도 재배 중 습도가 높을 때 균열이 생긴 포도의 과피를 감염시켜 포도 수확량을 감소시키지만, 습도가 일정 기간 높게 유지되어 *Botrytis cinerea*가 다 자란 후 낮은 습도가 유지되면 포도 과피의 왁스질을 분해함으로써 포도가 쉽게 건조되게 하여 당 함량을 높이며 독특한 향미를 생성한다. 이 균을 순수배양하여 포도에 접종시켜서 양조한 포도주가 프랑스의 소떼른느Sauterne, 독일의 트로켄베레아우스레제Trockenbeerenauslese, 헝가리의 토카이Tokay 등이다.

## 4) 제조공정

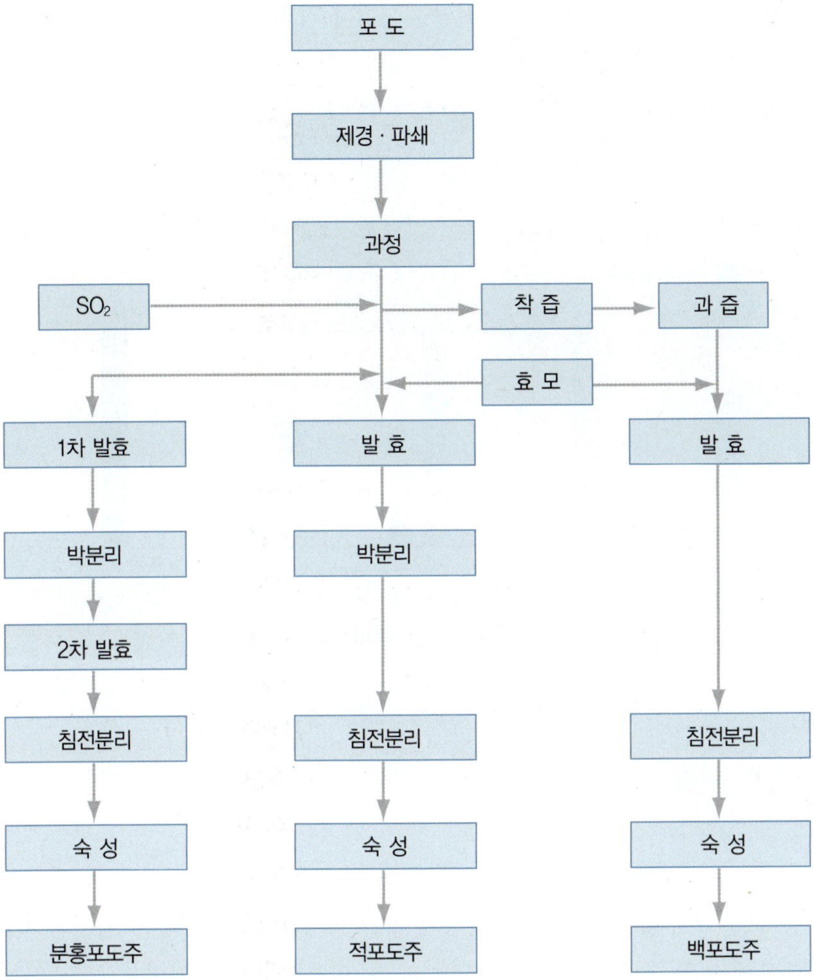


**그림 4-10 | 포도주의 제조공정**

## 5) 기능성

프랑스 사람들은 동물성 지방 섭취가 높은 식습관을 가지고 있으나 심장질환의 발병률은 낮은 편이다. 이러한 현상을 일컬어 프렌치 패러독스French paradox라 하는데, 이는 적포도주를 많이 마시는 것에 원인이 있다고 밝혀졌다. 적포도주에는 레스베라트롤resveratrol, 안토시아닌anthocyanin, 프로시아니딘procyanidin 등의 플라보노이드flavonoid가 많기 때문이다. 이 밖에도 적포도주는 동맥경화를 예방하고 혈소판 응집과 암의 진행을 억제하며 신경전달물질이나 기억력에 관계하는 물질을 분해하는 효소의 작용도 억제하는 것으로 알려졌다. 백포도주는 이뇨작용과 대장균이나 *Salmonella*균에 대한 항균작용이 있다.

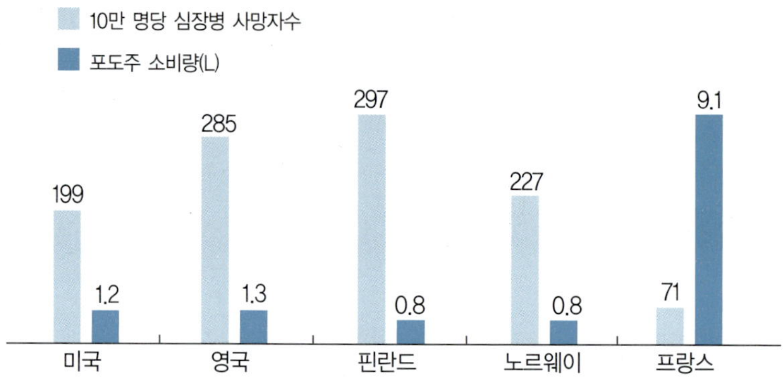


**그림 4-11** | **각국의 심장병 사망률과 포도주 소비량**

## 6) 와인의 분류

와인의 종류는 셀 수 없을 정도로 많다. 나라, 지역, 품종, 생산회사, 등급, 생산연도 등 모든 변수를 감안하면 엄청나게 많은 종류의 와인이 있는 셈이다. 와인의 유형은 크게 색깔, 식사 시 용도, 알코올 도수, 맛 등에 따라 구분한다.

### (1) 색깔에 따른 분류

① 화이트 와인White wine

화이트 와인은 연한 녹색에서부터 황금색까지의 색을 가진 와인을 총칭한다.

백포도를 원료로 사용하지만 적포도의 껍질을 벗겨서 양조하기도 하며, 대부분 투명한 병이나 옅은 색의 병에 담는다. 레드 와인에 비해 당분 함량이 적어서 숙성기간도 짧아 양조 후 단기간 내에 마실수 있다. 탄닌의 함량이 적어서 양조한 후 품질과 색의 퇴화현상이 빨리 오므로, 샤르도네와 같은 일부 제품을 제외하고는 저장 및 보관할 수 있는 기간이 짧아 오래 숙성시키지 않는 것이 좋다.

② 레드 와인Red wine

레드 와인은 암적색부터 담적색까지의 와인을 총칭한다.

수확된 포도를 껍질까지 즙을 내어 발효시키기 때문에 과피에서 우러나온 색으로 인하여 적색을 띠게 된다. 포도의 과피와 함께 양조하였기 때문에 탄닌산과 기타 미네랄 성분이 다량 함유되어 있으며, 일반적으로 병 안에서의 숙성기간도 길고 오랫동안 저장할 수 있다.

③ 로제 와인Rose wine

로제 와인은 화이트 와인과 레드 와인의 중간인 연한 홍색을 띤 와인이다. 화이트 와인과 레드 와인을 혼합하는 방법으로 만들거나, 적포도를 과피와 함께 즙을 짜는 과정에서 원하는 색에 이르렀을 때 과피를 제거하는 방법, 또는 착색료를 사용하는 방법 등으로 만든다.

### (2) 식사 시 용도에 따른 분류

① 아페리티프 와인Aperitif wine

아페리티프 와인은 식욕촉진을 위하여 전채 요리와 함께 마시거나 식전에 제공되는 와인으로서 드라이하고 쓴맛과 신맛이 강하다. 식사 전 식욕을 돋우는 포도주에는 드라이 샴페인, 버무스, 셰리가 있다.

② 테이블 와인Table wine

테이블 와인은 식사 중에 요리를 먹으면서 마시는 와인을 말한다. 화이트 와인은 흰 살의 육류와 생선, 해산물과 잘 어울리며 적포도주는 붉은 살의 육류를 먹을 때 마시는 것이 일반적이다.

③ 디저트 와인Dessert wine

식사 후 소화를 촉진시키기 위해 마시는 와인으로 케이크, 아이스크림, 차와 같은 달콤한 디저트와 함께 제공되는 와인이다. 포트 와인과 크림셰리 와인 또는 스위트 와인, 스위트 샴페인 등을 많이 마신다.

### (3) 맛에 따른 분류

① 스위트 와인Sweet wine

완전히 발효되지 못하고 당분이 남아 있는 상태에서 발효를 중지시킨 것과 당분을 가미한 것이 있다. 주로 단맛이 많이 함유된 와인으로서 디저트 와인으로 많이 마신다.

② 드라이 와인Dry wine

완전히 발효되어서 당분이 거의 없는 와인으로 단맛이 없으며 아페리티프 와인 또는 테이블 와인으로 많이 마신다.

③ 미디엄 드라이 와인Midium dry wine

단맛이 약간 있는 와인으로 스위트와 드라이 와인의 중간 정도이다.

### (4) 기타

① 비발포성 와인Still wine

순수한 자연 그대로의 포도만으로 양조한 발포성이 없는 와인이다. 가장 보편적인 유형으로 대부분의 와인이 이에 속한다.

② 발포성 와인Sparkling wine

거품이 나는 와인으로 1차발효가 끝난 다음 2차발효에서 생긴 탄산가스를 그대로 함유시킨 것이다. 프랑스 샹파뉴 지방에서 생산되는 샴페인이 있으며, 이 와인은 특별한 행사 때 경축주로 널리 사용되고 있다. 독일의 섹트sekt, 스페인의 까바cava, 이탈리아의 스푸만테spumante 등도 발포성 와인에 해당한다.

③ 혼성 와인Aromatized wine

비발포성 와인으로 약초, 향료, 색소, 감미재료 등을 첨가하여 독특한 맛과 향을 지닌다. 베르무트vermouth, 와인쿨러wine cooler, 기타 리큐르liquer가 이에 속한다.

④ 강화 와인

강화 와인이란 와인에 브랜디나 주정 등을 첨가하여 만든 혼성주를 말한다.

발효과정에 있는 와인이나 발효가 끝난 와인에 높은 알코올의 포도브랜디나 주정을 첨가하여 발효를 정지시켜 약간의 당분이 잔류된 상태에서 와인 전체의 알코올 도수가 20도 가까이 되도록 강화한 와인이다. 드라이Dry에서 스위트sweet한 맛까지 여러 단계가 있다.

강화 와인은 와인 고유의 향미와 미네랄을 그대로 함유하고 있으면서 증류주와 같이 알코올 도수가 높아 부패하지 않으므로 장기간 보관이 가능하다. 유명한 강화 와인으로는 스페인의 셰리, 포르투갈의 포트, 이탈리아의 베르무트 등이 있다. 국내에서 생산하는 대부분의 복분자 와인도 강화 와인 형태의 과실주이다.

## 7) 프랑스 와인등급과 라벨

프랑스에서는 와인에 대한 규제가 대단히 엄격하다. 프랑스는 1935년에 제정된 프랑스 와인법Appellation ○○○ Controlee에 따라 품질을 구분하는데, 우수한 와인에는 원산지를 통제하는 명칭을 부여함으로써 그 품질을 국가에서 보증하고 있다.

A.O.C법에 의해 인정받기 위해서는 생산지역, 그 산지의 포도품종, 재배방법, 수확량 등 까다로운 규격에 모두 적합해야만 하고, 라벨에 Appellation ○○○ Controlee을 사용할 수 있다.

A.O.C법의 ○○○에는 산지명을 표시한다. 와인은 다른 주류와 달라서 생산되는 지역의 기후, 토양, 수확시기 등이 그 와인의 풍미를 결정하는 중요한 요소이다. 이것이 또한 그 와인의 개성을 나타내는 경우가 많기 때문에 프랑스에서는 A.O.C 법에 의해 지정된 산지에서 규제된 방법에 의해 제조된 와인의 경우 산지명을 공식적으로 붙이게 되어 있다. 산지는 넓은 지방명을 시작으로 하여 지역명, 촌명까지 지정된다. 산지 지정범위가 좁을수록 와인의 개성이 뚜렷하고 품질이 뛰어난 것으로 인정받은 것이라 할 수 있다. 예를 들면 '보르도Bordeaux 지방→메독Médoc지구→마고Margaux촌'의 형식이다.

### A.O.C법 라벨 읽기

- 포도 수확연도(Vintage : 빈티지)

  와인의 품질은 그해 기후의 영향을 많이 받기 때문에, 포도 수확연도는 그해에 생산된 와인의 개성을 나타내는 데 매우 중요한 역할을 한다. 그러나 오늘날에는 포도 재배기술이 발달하여 그 중요성이 많이 약화되었다. 특히 고가의 와인을 제외하고는 그다지 의미가 없다.
- Appellation MEDOC Controlee

  보르도의 메독 지구에서 양조된 와인으로 프랑스 A.O.C에 따라 일정한 기준에 달하지 않은 와인은 비록 메독 지구에서 생산되더라도 메독 이름을 붙이지 못한다.
- 회사 로고

  고유의 회사 로고를 사용한다.
- 설립연도

  포도주가 제조된 연도를 표시한다.
- 와인명

  와인이 제조된 지역인 동시에 제품명이다. 원료 포도는 이 지역에서 생산된 포도에 한정된다.

## 6. 청주

청주는 쌀을 원료로 양조한 병행복발효주이다. 청주국과 청주효모를 이용하여 양조된 숙성 술덧 중에 고농도의 알코올분을 함유한 술이다.

### 1) 기원

청주의 역사적 기원을 보면, 삼국시대에 우리나라 스님인 보리保利형제가 새 술의 창시자라고 전해진다. 새 술이란 누룩을 써서 만든 것이고, 백제의 인번이라는 사람이 이 방법을 일본인들에게 전수한 것이다.

일본의 고대 역사를 기록한 『고사기古事記』를 살펴보면 응신천왕(AD 270~312)시대에 백제에서 인번人番이라는 사람이 일본에 들어가 새로운 방법으로 미주美酒라는 것을 빚었기 때문에 일본 사람들은 그를 주신酒神으로 모셨다고 하며, 그 새로운 방법이 오늘날의 양조법과 다소 다르겠지만 누룩을 사용하여 양조한 청주의 전신이라고 할 수 있다.

고려시대에는 송 · 원 대의 양조법이 도입되었으며 전래의 곡주 양조법이 발전되어 국麴(누룩)의 종류도 소맥국小麥麴과 미국米麴으로 이루어질 뿐 아니라 주품도 다양하게 발전되어 왔다. 『고려사高麗史』에 의하면 문종 때(1046년) 왕이 마시는 술은 양온서釀瑥署를 두어 빚었는데 청주와 법주 두 가지로 구분되어 질항아리에 넣고 명주로 봉하여 저장해 둔다 하였다.

조선시대에 오면서 명주로 손꼽히는 술들이 정착되었는데, 이때부터 술은 고급화 추세를 보여 제조 원료도 멥쌀에서 찹쌀로 바뀌고, 양보다는 질 좋은 술들이 제조되었으며, 이후 일제 강점기를 거치고 많은 세월이 흘러 지금의 청주로서 자리 잡았다.

## 2) 원리

청주는 당화작용과 발효작용이 병행해서 진행되는 병행복발효주로, 청주용 고오지균은 황국균인 *Aspergillus oryzae*이고 발효효모는 *Saccharomyces sake*이다.

## 3) 사용균주 및 재료

### (1) 사용균주

① 효모

청주효모는 일본에서 *Saccharomyces sake*라 하고 새로운 종으로 취급하였으나, 최근에는 *Saccharomyces cerevisiae*에 포함되어 분류되고 있다.

청주 양조용의 대표균 종으로는 *Saccharomyces cerevisiae* kyokai No. 7이 있으며 이 외에도 No. 6, 9, 10 등이 쓰이고 있는데 이 효모들은 일본양조협회에서 육성한 종들이다.

청주 발효에서 가장 빈번하게 문제시되는 것 중의 하나가 발효 시에 발생되는 거품이었다. 거품 때문에 용기의 이용률이 낮아 생산원가에도 영향을 끼치는 요인이었으나 *Saccharomyces cerevisiae* kyokai No. 6, 7 등을 친주로 한 하나의 변이주는 거품의 생성 없이 원활히 발효될 수 있기 때문에 '무포효모' 라는 이름으로 실용화되어 있고, kyokai No. 7에서 유도된 한 변이주는 알코올 20%, pH 4.3, 온도 15℃의 조건에서도 No. 7보다 100배 이상의 생육과 강한 알코올 내성을 가지므로 '알코올 내성 효모' 란 이름으로 주목받고 있다.

또한 *Saccharomyces cerevisiae*의 한 변종이 같은 속의 효모를 죽이는 '킬러 효모killer yeast' 가 발견되었는데, 이는 청주덧에 첨가된 우량 효모도 죽이는 경우가 있으므로 청주효모에는 킬러 내성이 갖추어져야 한다. 이에 따라 *Saccharomyces cerevisiae* kyokai No. 7의 친주와 killer 야생주의 교배를 통해 킬러 내성의 변이종을 육성하여 실용적으로 사용하고 있다.

### ② 세균

#### ■ 젖산균

젖산균도 효모와 함께 발효에 유용한 역할을 하나 경우에 따라서는 술을 산패시키는 작용을 하기도 한다.

술덧을 발효시키는 효모를 확대 배양하는 공정인 주모의 종류 중 생원계 주모는 젖산균에 의존하여 발효 안정의 목적을 이룬다. 즉, 초기에 젖산을 생성케 하여 다른 잡균의 생육을 막는다. 초기에 관여하는 젖산균은 구균인 *Leuconostoc mesenteroides*와 간균인 *Lactobacillus sake*인데, 후에 자신이 생성한 산이나 효모에 의해서 생성된 알코올 때문에 이들은 도태되고 효모만 순수하게 남게 된다.

술덧 발효가 순조롭지 못한 경우에는 발효 후기에 *Lactobacillus casei*, *Lactobacillus fermentum*, *Lactobacillus brevis*, *Lactobacillus wortmanni*, *Leuconostoc*, 식초산균 등이 생육하면서 술덧을 변패시킨다.

#### ■ 화락균

병 포장된 청주가 변패되어 혼탁해지면서 단백질이 동그란 모양으로 침전하고 향미가 급격하게 저하되는 현상이 가끔 발생한다. 이는 살균 부족으로 인해 생존하게 된 일종의 젖산균에 의해 나타나는 현상으로, 이를 '화락hiochi' 이라 하고 그 원인균을 화락균이라 한다.

화락균은 원래 *Bacillus saporogenes sake*라 명명되었던 것인데, 후에 이것이 젖산 간균인 *Lactobacillus*에 속하고 homo type과 hetero type이 있음을 알게 되어 각각을 *Lactobacillus homohiochii*와 *Lactobacillus heterohiochii*로 명명했다. 이들 균은 알코올 15% 이상의 청주에서도 잘 견디는 것이 특징이며 생육인자로서 화락산hiochic acid을 요구한다.

Hiochic acid나 Mevalonic acid는 동일한 물질에 대한 명명이며, 이 물질은 청주국 제조 중에 생성되는 것임이 확인되었고 화락균이 청주에 존재할 수 있는 이유가 될 수 있다.

### (2) 재료

청주 양조에서 쌀과 용수는 가장 중요한 재료라 할 수 있으며, 쌀과 용수의 질이 제품의 품질에 결정적인 역할을 한다.

#### ① 쌀

최근의 쌀은 많은 품종이 육성되어 있고 용도에 따라서 선택의 폭 또한 넓다. 청주 양조에도 특수한 품종을 요하는 경우가 있으나 일반적으로 보통의 반미를 주로 이용하고 있다.

청주 양조에 요구되는 쌀의 일반적인 선정기준은 다음과 같다.

- 알이 굵고 쌀알 1,000개의 무게가 26g 이상인 것
- 쌀알 표면의 세로근이 깊지 않고 배막층이 얇은 것
- 심백(쌀알 중심의 최고 불투명한 부분)이 많은 것. 심백이 중심에 있지 않고 편재해 있으면 쌀알이 부서지기 쉬워 좋지 않다.
- 수분이 14% 정도로 건조가 적당한 것
- 미질은 연질미로 흡수가 빠른 것
- 프롤라민, 오리제닌 등의 단백질이 적은 것

주원료인 쌀은 현미를 정미기에 넣어 표면의 일부를 깎아내는데, 이는 주질의 색상이나 향미에 영향을 끼칠 수 있는 단백질 · 지방 · 회분의 함량을 가급적 적게 하

기 위해서이다. 즉, 정백도가 높을수록 조단백 · 조지방이 크게 감소하는데, 청주용 주조미로는 보통 75% 정도의 정백미가 쓰인다.

② 양조 용수

모든 양조에 있어 용수는 다른 원료 못지 않게 중요하다. 특히 청주나 맥주의 경우에는 그 중요성이 더욱 높다. 예로부터 양질의 용수가 있는 곳에 명주가 있다고 할 만큼 중요시되어 왔다.

용수는 무색 · 무취 · 무미에 오염물질이 없어야 하며, K, P, Fe, 유기물, 경도 등도 중요한 관련 요인이다.

가장 바람직한 성분으로 K와 P를 들 수 있는데 이들은 코지koji 곰팡이와 효모의 증식에 필수 성분이다. 일본 청주의 명산지인 나다 지방의 지하수에는 K와 P의 함량이 높다는 점이 주목할 만하다. 바람직하지 않은 성분은 Fe인데, 이는 청주의 색깔을 나쁘게 하므로 0.01ppm 이상 함유되어 있으면 좋지 않다.

유기물은 수원의 오염을 의심할 수 있는데, 일반적으로 COD(화학적 산소요구량) 농도가 7ppm 이상이면 용수로 부적합하다. 이 외에도 암모니아, 질산염, 아질산염 등도 오염원에서 기인하는 물질로 농도가 높으면 용수로 부적합하다. 또한 경도가 높은 물은 술맛을 나쁘게 하고, 경도가 낮은 물은 부드럽게 해준다.

양조 용수의 수질은 청주의 주질에 큰 영향을 미치지만 현재 절대적인 수질 기준이 있는 것은 아니며, 제품의 질에 대한 기준에 따라 달라진다.

## 4) 제조공정

청주의 제조공정은 그림 4-12와 같으며 크게 원료처리, 제국, 발효, 제성의 단계로 구별할 수 있다.

- **도정**搗精 : 청주의 원료미인 쌀의 겉 부분을 하얗게 깎아내는 공정이다.
- **세미**洗米 : 깎아낸 쌀알의 표면에 붙어 있는 쌀겨를 제거하고 깨끗한 물로 여러 번 씻는다.
- **침미**浸米 : 약 2~3시간 쌀을 물에 담가두어 증미에 적합한 수분을 흡수시킨다.

- **증미**蒸米 : 물에 담가두었던 쌀을 고들고들하게 고두밥으로 찌는 과정이다.
- **담금** : 코지Koji, 증미, 주모, 물을 일정 비율로 혼합하여 탱크에 담가두는 과정이다.
- **발효**醱酵, Fermention : 담금과정을 통해 주요醱醪(술덧)를 만들어 약 18일간 발효시킨다.
- **압착**壓搾, Press : 약 18일간의 발효과정을 마치면서 술덧을 압착기에 걸러내고 술액과 찌꺼기를 분리하는 압착공정이다.

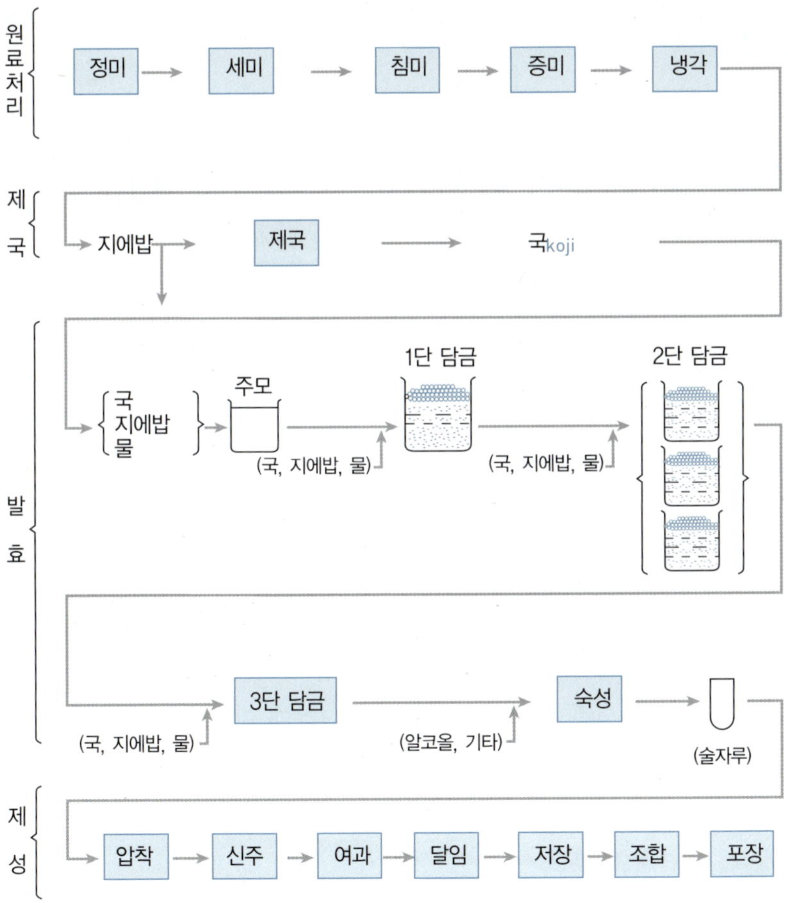


그림 4-12 | 청주의 제조공정

- 신주 완성 : 압착공정을 통해 생성된 술액이다.
- 여과 : 미세한 앙금을 제거하는 여과과정이다.
- 달임(살균) : 술액의 온도를 높여 응고되는 물질을 제거하고, 미생물을 60℃ 정도에서 5~15분간 살균하는 과정이다.
- 저장 : 약 2~3개월간 저장하여 숙성시킨다.
- 조합 : 알코올 도수를 조정하고 당류, 아미노산류, 유기산류 등의 첨가물을 가미한다.

### 5) 기능성

청주의 ferulic acid가 항산화 활성을 나타내고, HepG2 세포에 대하여 간 기능을 보호하며, 건망증에 관여하는 PEP prolyl endopeptidase와 혈압을 상승시키는 ACE angiotensin converting enzyme를 저해한다.

## 7. 증류주

증류주는 과실이나 곡류로 만든 양조주를 증류기를 사용하여 증류한 것으로서 알코올 도수가 높은 술이다. 알코올과 물의 끓는점 차이를 이용하여 양조주를 서서히 가열하면 끓는점이 낮은 알코올이 먼저 증발하는데 이러한 증기를 모아서 냉각시키면 양조주보다 순도가 높은 고농도의 알코올 액체를 얻을 수 있다. 과실을 이용한 증류주로는 위스키와 브랜디가 있으며, 곡류를 이용한 증류주로는 진, 럼, 보드카, 테킬라, 소주 등이 있다.

## 1) 소주

### (1) 기원

소주는 고려 충렬왕 때 중국 원나라에서 전래되었다고 알려졌다. 지금의 소주는 15세기경부터 사용된 것으로 보이며 '불이 붙는다' 하여 화주로, '한 방울씩 모아서 된 술'이라 하여 노주 등으로 불렸다. 조선시대에는 상류층에서 애용하는 고급 주로서 사치스러운 것이었으나 지금은 가장 대중적인 술이 되었다.

### (2) 원리

소주는 조국(밀기울로 만든 누룩)으로 전분질의 원료를 발효한 것을 증류하여 얻는 것으로 특별한 향미가 있다. 소주의 제법이나 증류법은 지방에 따라 약간씩 다른데, 남부지방에서는 전분질의 원료로 쌀을 주로 이용하였고, 북부지방에서는 보리나 조, 옥수수 등의 잡곡을 이용하였다. 소주는 원료의 종류와 담금 비율, 숙성 방법에 따라 여러 종류가 있다.

조국으로 전분질의 원료를 발효하여 증류하는 재래 소주는 독특한 향미가 특징이며 고리라는 증류기를 이용하여 증류하였다.

주조기술의 발전에 따라 곰팡이 코지Koji를 이용하고 사관식 증류기, 감압식 증류기 등으로 증류하는 증류식 소주가 등장했다. 현재 우리나라에서 시판되는 소주는 희석식 소주로 증류식 소주의 알코올 함량을 낮추기 위해 희석한 것이다.

### (3) 사용균주 및 재료

소주의 국균으로는 흑국균인 *Aspergillus niger*와 백국균인 *Aspergillus kawachii*가 사용된다. 원료로는 쌀, 조, 수수, 옥수수가루, 보리, 귀리 등이 이용된다.

### (4) 제조공정

증류주인 소주는 국의 제조, 담금, 증류의 제조공정을 거친다.

### (5) 기능성

증류식 소주는 혈전 용해작용을 한다. 소주박은 면역력을 부활시켜 암세포의 증식을 억제하고 항산화 및 혈압강하 효능이 있다.

그림 4-13 | 고리(재래 소주 증류장치)

그림 4-14 | 감압 증류장치

## 2) 위스키

술 중에서 가장 으뜸은 위스키라 할 수 있고, 빨리 취하는 동시에 또 쉽게 깬다. 위스키는 강렬한 남성적인 술로서 한두 잔 정도는 안주 없이도 마실 수 있다. 더운 지방에서는 무더위를 이겨내는 청량제 구실을 하고, 반대로 추운 지방에서는 마시면 열량을 보태어 추위를 덜어주는 술이다.

위스키는 맥아와 보리, 밀, 옥수수 등 곡류를 원료로 하여 발효시켜 증류한 술이다. 기본적인 제조법에 따라 당화시킨 원료에 효모를 섞어 발효시킨 후 몇 차례 증류를 반복하여 오크통 속에 채워서 3년 이상 숙성시킨다.

### (1) 기원

위스키의 역사는 그리 길지 않다. 발효시킨 술을 몇 차례 증류해서 알코올이 농축된 도수가 높은 술이기 때문에 증류기술이 선보이기 이전에는 만들 수 없었다. 세계 최고의 증류주로 위스키의 원형이 등장한 것은 12세기 전후로 고작 700~800

년 정도의 짧은 역사를 가지고 있지만 역사적 사건에 의해 조명되고 우연한 기회에 예기치 않은 방법을 통해 비약적으로 기술이 발전되었다.

12세기 십자군 전쟁에 참여했던 가톨릭 수사들은 아랍의 연금술사로부터 증류주의 비법을 전수받고 돌아왔다. 이렇게 전수된 알코올 증류비법은 순식간에 유럽 각지로 퍼져 나갔고, 서로 앞다투어 자신들만의 비밀스러운 방법으로 증류한 것을 무병장수의 명약 혹은 염색한 약초의 방부제로 사용했다. 이후 이들에 의해서 증류주가 탄생하였는데 이것이 오늘날 주로 마시는 위스키, 브랜디 등 고급 증류주의 시초가 된다. 영국으로 전래된 증류기술은 맥주를 증류해 위스키로 발전하였고, 프랑스에서는 브랜디로, 러시아에서는 보드카로, 자마이카에서는 럼으로, 네덜란드에서는 진 등의 술로 발전하게 된다.

1172년 영국의 헨리 2세가 아일랜드를 정복했을 때 이미 아일랜드 사람들은 증류한 술을 마시고 있었다고 한다. 아일랜드 토속 증류주는 15세기경 스코틀랜드에 전해졌으며, 스코틀랜드인들은 각 지방에서 제조되는 맥주를 증류하여 지역적 특색이 있는 독한 증류주를 만들어 마셨다. 지역적 특색, 제조법의 발전을 거듭하여 오늘날 아일랜드의 아이리시Irish 위스키와 스코틀랜드의 스카치Scotch 위스키로 나누어지게 되었다.

위스키의 맛이 비약적으로 발전한 또 하나의 사건은 1707년 잉글랜드와 스코틀랜드의 합병으로 대영제국이 탄생한 후 정부가 재원을 확보하기 위해 술에 높은 주세를 부과한 것이었다. 이에 불만을 품은 주류업자들이 스코틀랜드의 산속에 숨어 밤에 몰래 위스키를 제조했다. 이 밀조자들은 맥아의 건조를 위해 이탄泥炭, peat을 사용했는데 이 건조방법이 훈연취薰煙臭가 있는 맥아를 사용하여 스카치 위스키를 만들게 된 시초가 되었다. 이렇게 증류한 술을 은폐하려고 셰리주sherry의 빈 통에 담아 산속에 숨겨 두었는데 나중에 열어 보니 증류 당시에는 무색이었던 술이 투명한 호박색에 짙은 향취가 풍기는 술로 변해 있었다. 이것이 바로 목통(오크통) 저장의 계기가 되었다. 밀조자들이 궁여지책으로 강구한 수단들이 위스키의 주질 향상에 획기적인 기여를 한 것이다.

그 후 19세기 중반 유럽의 포도나무가 피록세라 기생충에 의해 전멸되었는데 그 여파로 당시 명성을 떨치던 브랜디(코냑)를 생산할 수 없게 되자 그 대체 수요로 위스키가 전 유럽에서 소비되었으며, 품질 향상을 통해 세계적인 술로 발전하게 되었다.

한편 미국에서는 켄터키를 중심으로 아메리칸 위스키가 만들어지고 있으며 그중에서도 버번bourbon은 세계적인 술로 성장했다. 캐나다에서는 캐나디안Canadian 위스키로 독특한 발전을 이루었다.

### (2) 원리

위스키는 전분질 원료를 맥아 아밀라제로 당화하여 효모로 발효시켜 증류하고 여기에서 얻어진 위스키 원주를 오크 통에 장기간 숙성시켜 얻게 되는 일종의 복발효증류주이다.

사용 원료에 따라 크게 맥아만을 이용하는 몰트 위스키malt whisky와 맥아와 다른 전분질 원료를 혼용하는 그레인 위스키grain whisky로 구별한다.

### (3) 제조공정

주원료인 대맥으로 Golden melon 종이 많이 사용되는데, 대맥의 품질이 위스키의 품질을 좌우한다. 대맥의 협잡물이나 이상립을 정선기로 제거하고 침지조에서 24~28시간 정도 침지하여 20℃ 정도의 온도에서 1~2주 동안 발아시킨다.

발아가 끝난 것을 녹맥아라 하는데 이는 필요에 따라 훈연실에서 훈연한다. 훈연용 재료로는 이탄과 석탄을 혼합한 것을 사용하는데, 이를 태워서 그 연기와 열을 녹맥아에 접촉시켜 독특한 향을 부여하고 동시에 건조를 하게 된다.

건조된 맥아분말을 당화조에 투입하고 물을 넣어 당화시킨다. 만일 다른 곡류를 혼용할 때는 여기에 같이 투입한다. 당화가 완료된 액은 여과하여 냉각시킨 후 발효조로 보내고 효모를 첨가하여 발효시킨다. 발효가 완료된 것을 오래 두면 젖산에 의한 산패가 우려되므로 즉시 증류해야 한다. 증류에서 얻은 직후의 것이 원주이며, 이를 오크 통에 넣어 저장하여 맛을 순화시키고 무색이던 것을 갈색이나 노란색으로 변화시킨다.

똑같은 공정을 거쳤더라도 각 통마다 술이 조금 다를 수 있으므로 적절한 것끼리 배합blending하게 되는데, 이 배합기술이 위스키의 품질을 결정하는 중요한 요소이다. 위스키의 일반적인 제조공정은 그림 4-15와 같다.

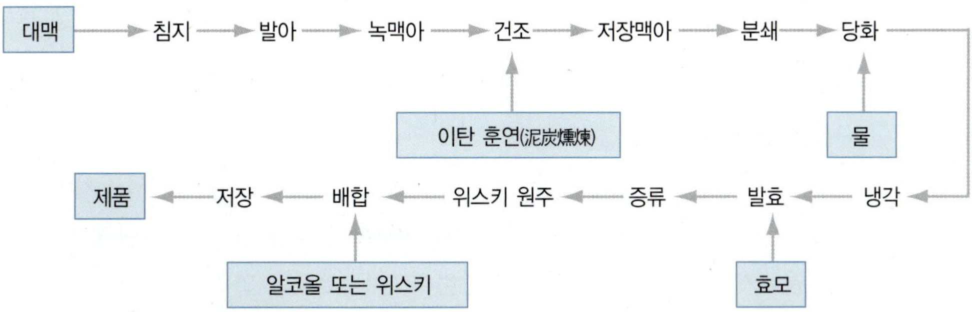


그림 4-15 | 위스키의 제조공정

## (4) 분류

### ① 원료에 따른 분류

위스키는 사용하는 원료에 따라 종류가 달라지는데 원료 곡물의 배합비율에 따라 버번(옥수수 51% 이상), 콘(옥수수 80% 이상), 라이(호밀 51% 이상), 피트(밀 51% 이상), 몰트(대맥 맥아 51% 이상) 등으로 나누어진다.

- 몰트 위스키malt whisky

  발아시킨 대맥 맥아malt만으로 만들어진 위스키 맥아를 건조시킬 때 피트peat의 훈연으로 훈제 맛을 낸다. 이 피티드 몰트peated malt를 당화 · 발효시켜 단식 증류기로 증류한다. 그레인 위스키에 비하여 유출 시의 알코올 농도가 낮고, 미세한 양이지만 수백 종류나 되는 성분을 함유한다. 화이트 오크로 된 통에서 천천히 장기간 숙성시킨다.

- 퓨어 몰트 위스키pure malt whisky

  몰트 위스키만 가지고 제조한 위스키로 품질이 뛰어나며, 배티드 몰트 위스키vatted malt whisky와 싱글 몰트 위스키single malt whisky가 있다. 퓨어 몰트 스카치 위스키는 올 몰트 스카치 위스키all malt scoutch whisky, 언블렌디드 스카치 위스키unblended scoutch whisky라는 표시를 하기도 한다.

- 그레인 위스키grain whisky

  발아시키지 않은 대맥, 호맥, 소맥, 옥수수 등에 맥아를 첨가하여 당화시켜 만든 위스키이다. 따라서 곡물 이외의 전분질 원료(감자, 고구마)나 당질 원료의 사용이 허용되지 않으며, 몰트 위스키와 달리 알코올 이외의 휘발 성분이 미량 함유되어 있어 향미가 약하고 가벼운 것이 특징이다.

■ 블렌디드 위스키blended whisky

스카치 위스키와 아이리시 위스키는 단식 증류기로 증류한 위스키와 연속 증류기로 증류한 위스키를 혼합하여 제품화한 것을 말하며, 일반적으로는 몰트 위스키와 그레인 위스키를 혼합하여 만든 제품을 일컫는다. 아메리칸 위스키는 위스키 원주에 곡류를 원료로 한 중성 알코올을 혼합한 제품이다.

■ 버번 위스키bourbon whisky

미국에서 생산되는 위스키로 51% 이상의 옥수수가 포함되어 있는 곡물로 만든 위스키 원액을 그을린 새 오크 통에 넣어 4년간 숙성시켜 만든 술이다. 색깔은 호박색이며, 증류되는 것을 Kentucky straight bourbon whisky라고 한다.

■ 콘 위스키corn whisky

80% 이상의 옥수수가 포함되어 있는 곡물로 만들며, 이 위스키는 보통 그을린 재사용 오크 통이나 내측을 태우지 않은 새 통에 저장 · 숙성시킨다. 그 결과 버번 위스키보다도 콘의 성질을 많이 남겨 풍미가 부드러운 위스키가 된다.

■ 라이 위스키rye whisky

원료 중 라이(호밀)를 51% 이상 사용하여 내부를 태운 새 오크 통에 숙성시킨 위스키이다.

■ 테네시 위스키tennessee whisky

버번 위스키와 동일한 방법으로 제조하여 목탄으로 여과한다. 일반적으로 버번보다 고급이다.

② 산지에 의한 분류

위스키는 세계 여러 나라에서 생산되고 있으며 원료, 제조방법, 풍토의 차이 등 산지에 따라 각각 다른 특징을 가지고 있다. 크게 스카치 위스키, 아이리시 위스키, 아메리칸 위스키, 캐나디안 위스키로 분류하며, 이를 세계 4대 위스키라고 한다.

- 스카치 위스키

스카치 위스키의 종류는 2,300여 종으로 전체 위스키 생산량의 60%를 차지하고 있다. 현재 대부분의 위스키가 블렌디드 위스키이며, 위스키의 맛은 숙성연도뿐만 아니라 몰트 위스키와 그레인 위스키의 혼합기술에 따라 좌우된다.

- 아이리시 위스키

아일랜드에서 만드는 위스키로서, 피트peat(토탄)로 연기를 쐬지 않은 맥아 이외에 보리와 옥수수를 원료로 하여 대형 단식 증류기로 3회 증류한다.

- 아메리칸 위스키

미국의 위스키 중 가장 인기 있는 것은 버번 위스키이다. 옥수수를 51% 이상 사용하고 연속식 증류기로 알코올 농도 40% 이상, 80% 미만으로 증류한 것을 다시 내부를 태운 화이트 오크 통에 넣어 2년 이상 숙성시킨다. 그 외에도 라이 위스키, 콘 위스키 등이 있다.

- 캐나디안 위스키

캐나디안 위스키는 밀과 옥수수가 주원료이며, 향이 강하고 원숙한 맛을 지녀 세계적으로 호평받고 있다. 피트와 보리의 향을 억제하여 부드럽고 순한 맛이 조화된 것이 특징이다.

### 3) 기타 증류주

- 고량주高粱酒

고량은 수수를 뜻하는 것으로 만주지방이 원산지였으나 지금은 중국 대부분의 지역에서 생산되고 있으며 바이주白酒라 불린다.

- 브랜디brandy

브랜디는 과일발효주를 증류하여 얻은 술을 뜻한다. 포도브랜디는 일명 코냑이라 불린다.

■ 보드카vodca

곡류를 맥아로 당화·발효시켜 증류하고 자작나무 숯으로 만든 활성탄으로 여과해 정제시킨 독특한 향의 러시아 술로, 알코올 함량이 40~60%여서 칵테일의 기주로 적합하다.

■ 진gin

대맥 맥아, 라이맥, 옥수수를 맥아로 당화·발효시켜 증류하고 두송杜松 열매층을 통과시켜 독특한 송진 냄새가 나는 네덜란드의 주류이다.

■ 럼rum

자마이카Jamaica가 원산지로 사탕수수즙이나 감자당밀을 발효시켜 증류한 술이다.

■ 안동소주

우리나라 경상도 안동지방에서 제조되는 증류주로 백미와 누룩을 당화·발효시켜 고리를 이용하여 증류한다.

■ 문배주

밀, 좁쌀, 수수를 원료로 당화·발효시켜 증류한 술로 야생배의 향이 있다 하여 문배주라 불린다.

# Chapter 5 유발효식품

5

# FERMENTED FOOD

# 1. 발효유

발효유fermented milk는 일반적으로 우유 · 산양유 · 마유와 같은 포유류의 젖을 유산균이나 효모 또는 이 두 가지 미생물을 스타터starter로 이용하여 발효시킨 제품을 말하며, 음용하기 좋게 향료나 과즙을 첨가하기도 한다.

발효유는 사용되는 미생물에 따라 순수하게 유산균에 의해서만 발효된 유산발효유와, 유산균과 효모를 함께 발효시켜 만들어진 유산-알코올발효유로 구분한다 **표 5-1**.

**표 5-1 | 발효유의 종류**

| 구분 | 발효유 종류 | 원료 | 관여 미생물 |
|---|---|---|---|
| 유산발효유 | Yogurt | 전유, 탈지유 | *Lactobacillus delbrueckii* subsp. *bulgaricus*<br>*Streptococcus thermophilus* |
| | Acidophilus milk | 전유, 탈지유 | *Lactobacillus acidophilus* |
| | Cultured buttermilk | 버터유, 탈지유 | *Lactococcus lactis* subsp. *lactis*<br>*Lactococcus lactis* subsp. *cremoris* |
| | Cultured cream | 크림 | *Lactococcus lactis* subsp. *lactis*<br>*Lactococcus lactis* subsp. *cremoris* |
| 유산-알코올발효유 | Kefir | 전유 | 유산균, 효모 |
| | Kumiss | 말젖, 탈지유 | 유산균, 효모 |

유산발효유는 순수하게 유산균에 의해서만 발효된 제품이다. 가장 대표적인 것은 요구르트yogurt, yoghurt로 발효유 중 전 세계적으로 가장 많이 생산되어 소비되고 있다. 그 외의 제품으로는 발효버터유cultured buttermilk, 애시도필러스유acidophilus milk, 발효크림cultured cream 등이 있다.

유산-알코올발효유는 유산균과 효모를 함께 발효시킨 제품으로, 효모에 의한 알코올 발효에 의해 소량의 알코올을 함유하고 있다. 케피어kefir와 쿠미스kumiss가 대표적인 제품이다.

## 1) 발효유의 규격

우리나라는 발효유의 종류를 무지유고형분 함량과 유산균수 등의 법적인 성분 규격에 따라 발효유, 농후발효유, 크림발효유, 농후크림발효유, 발효버터유로 분류하고 있다. 축산물가공처리법에서 규정한 발효유의 성분규격을 보면 **표 5-2** 와 같다.

**표 5-2 | 발효유의 성분규격**

| | 발효유 | 농후발효유 | 크림발효유 | 농후크림발효유 | 발효버터유 |
|---|---|---|---|---|---|
| 무지유고형분(%) | 3.0 이상 | 8.0 이상 | 3.0 이상 | 8.0 이상 | 8.0 이상 |
| 유지방(%) | – | – | 8.0 이상 | 8.0 이상 | 1.5 이하 |
| 유산균수 또는 효모수 (1mL당) | 1천만 이상 | 1억 이상 (냉동제품은 1천만 이상) | 1천만 이상 | 1억 이상 (냉동제품은 1천만 이상) | 1천만 이상 |
| 대장균군 | 음성 | 음성 | 음성 | 음성 | 음성 |

출처 : 축산물가공처리법(2012)

## 2) 발효유의 기원

발효유가 언제 처음으로 만들어졌는지에 대한 명확한 기록은 없지만, BC 3000년 페니키아 시대 이전에 지중해 동부지역(지중해~페르시아만)에 살던 유목민들이 만들어 마시기 시작한 것으로 알려져 있다. 그 당시 유목민들이 가축의 젖을 가죽 주머니에 담아서 사막지역을 이동하던 중 더운 날씨에 우연히 젖이 하얀 덩어리 형태로 변하게 된 것을 발견했는데, 이것이 바로 발효유의 기원인 셈이다. 당시 생유에 들어가서 발효유를 만든 미생물은 유산균이었을 것으로 추정된다.

구약성서 창세기에는 아브라함이 세 천사를 환대했을 때 엉긴 젖curded milk과 우유와 하인이 요리한 송아지를 차려놓았다는 내용이 있는데, 여기서 엉긴 젖은 발효유를 의미하는 말로, 구약성서의 여러 부분에 나타난다.

유산균은 1857년 프랑스의 미생물학자인 파스퇴르Louis Pasteur에 의해 신맛이 강한 포도주에서 처음으로 발견되었으며, 이를 계기로 유산균과 발효유에 관한 연구가 활발해졌다. 이어 1889년 파스퇴르 연구소의 티셔Tisser는 모유를 수유한 아이의 장에서 혐기성 유산균을 분리하고 이를 비피더스균*Bacillus bifidus*이라고 명명하였으며, 이듬해인 1890년에 오스트리아의 모로Moro는 우유를 수유한 아이의 장에서 다른 종류의 유산균을 발견하고 애시도필러스균*Bacillus acidophilus*이라고 명명하였다.

러시아의 생물학자 메치니코프Elie Metchnikoff(1845~1916)는 세계적인 장수촌으로 유명한 불가리아 지방의 사람들이 100세 넘게 장수하는 이유가 그들이 섭취하는 발효유인 yahourtyogurt에 원인이 있다고 하는 이른바 발효유에 의한 '불로장생설'을 1908년 생명의 연장The Prolongation of Life이란 논문을 통하여 발표했다. 메치니코프는 인간의 노화가 장내에 존재하는 부패성 유해균이 생산하는 독소나 부패산물에 기인한 것으로, 발효유 섭취에 의해 인체에 유입된 유산균이 유해균의 증식을 억제함으로써 노화를 지연시켜 장수할 수 있다고 주장하였다. 파스퇴르 연구소의 책임자였던 메치니코프는 이 연구에 대한 공로를 인정받아 노벨 의학상을 수상하였다.

메치니코프의 연구는 발효유의 산업적 생산을 유도하는 계기가 되었다. 스페인의 카라소Issac Carasso가 1919년 바르셀로나 지역에 요구르트 제조공장을 설립하고 파스퇴르 연구소에서 분양받은 균을 이용하여 다농Danone이란 이름의 요구르트를 상품화한 것이 발효유 산업 생산의 시초가 되었다.

우리나라에서는 1971년 야쿠르트Yakult란 상표로 65mL 용량의 액상요구르트가 처음으로 소개되었다. 농후발효유는 1981년 삼양식품이 떠먹는 호상요구르트를 처음 소개하였으며, 유고형분이 호상요구르트와 유사하지만 간편하게 마실 수 있도록 제조된 드링크요구르트는 1990년부터 생산되었다.

## 3) 유산균 스타터

### (1) 유산균의 특성

유산균lactic acid bacteria(또는 젖산균)은 '당을 발효시켜 다량의 유산(또는 젖산)을 생성하는 균의 총칭' 으로 단백질을 분해시키지만 부패시키는 능력이 없으며, 인체에 해로운 물질을 생성하지 않고 유익한 작용을 하는 세균을 말한다. 지금까지 밝혀진 유산균은 300~400여 종류이며, 그중 20여 종이 발효유 제조 및 발효산업에 이용되고 있다.

일반적인 유산균의 특성은 다음과 같다.

- 그람양성균으로 포자를 형성하지 않는다.
- 유산이 당발효의 주된 최종산물이다.
- 카탈라아제catalase 음성이며 비운동성이다.
- G+C 함량이 50% 이하이다.
- 혐기적으로 생장하며 산소가 존재해도 잘 자란다.
- 영양요구성이 까다롭다.
- 내산성을 갖고 있다.
- 시토크롬cytochrome이 없어서 전자전달 인산화반응을 못하고, 기질 수준의 인산화반응에 의해서 에너지를 생산한다.

일반적으로 유산균으로 분류되는 미생물은 *Aerococcus, Alloicoccus, Carnobacterium, Enterococcus, Lactobacillus, Lactococcus, Leuconostoc, Oenococcus, Pediococcus, Streptococcus, Tetragenococcus, Vagococcus*속이 해당된다. 이 중 유제품에 사용되고 있는 유산균의 종류로는 *Lactobacillus, Lactococcus, Leuconostoc, Streptococcus, Enterococcus*속의 5종류로 풍미를 생성시키는 효과가 있는 것으로 알려졌다.

비피더스균으로 알려진 *Bifidobacterium*속의 경우 일반적으로 유산균으로 취급하지만, 분류학적으로는 *Actinomycetales*에 속하며 DNA 염기조성에 있어 G+C 함량이 50% 이상인 그람양성균이다.

### (2) 스타터

스타터는 발효유와 치즈의 제조에 사용되는 미생물의 배양액을 말한다. 유제품의 스타터 균종 중에는 유산균이 가장 많이 이용되고 있으며, 그 외에 곰팡이와 효모 스타터도 이용되나 사용 범위가 제한되어 있다.

유제품에 따라 다양한 종류의 스타터가 이용되고 있으며, 보통 2 균종 또는 그 이상을 혼합하여 사용하는 경우가 많다. 혼합 스타터를 사용하면 균주 간 상호보완적인 상승작용이 일어나 배양시간의 단축과 유용한 대사산물의 생성에도 유리하게 작용한다. 발효유 제조에 사용되는 유산균 스타터는 표 5-3 과 같다.

표 5-3 | 발효유 제조에 사용되는 유산균 스타터(Lactic starter)

| | |
|---|---|
| *Lactobacillus* | *L. acidophilus, L. casei, L. delbrueckii* subsp. *bulgaricus, L. helveticus, L. plantarum, L. reuteri, L. rhamnosus* |
| *Lactococcus* | *Lc. lactis* subsp. *lactis, Lc. lactis* subsp. *cremoris, Lc. lactis* subsp. *diacetylactis* |
| *Enterococcus* | *E. faecium* |
| *Streptococcus* | *Str. thermophilus* |
| *Bifidobacterium* | *B. lactis, B. bifidum, B. adolescentis, B. breve, B. longum, B. infantis* |

스타터는 액상 또는 분말 형태로 제조하여 원료액에 첨가한다. 액상 스타터는 원료유에 종균을 첨가하여 만든 배양액이며, 분말 스타터는 액상 스타터를 동결 건조시켜 분말화한 것을 말한다.

최근 유가공 산업체에서는 스타터 배양과정 없이 냉동 · 건조된 종균을 스타터로 사용하고 있다. 이러한 스타터를 DVS$_{\text{Direct Vatch Set}}$라 하며 g당 $10^{11}$~$10^{12}$ CFU$_{\text{colony forming unit}}$의 높은 생균수를 갖고 있어 배양탱크에 직접 분말을 투입하는 형식으로 이용한다. 우리나라에서 발효유 제조에 사용되는 스타터는 대부분 유산균이 혼합되어 있는 분말 스타터로 덴마크, 프랑스, 독일, 미국 등지로부터 수입하여 사용하고 있다.

### (3) 프로바이오틱스

프로바이오틱스$_{\text{probiotics}}$란 섭취 시 장내 미생물의 성질을 개선하여 숙주에 유익한 영향을 주는 살아 있는 미생물의 단독 또는 복합 균주를 말한다. 현재까지 알려진 대부분의 프로바이오틱스는 유산균이며, 일부 *Bacillus*속 균주를 포함하고 있다. 프로바이오틱스로 인정받기 위해서는 위산과 담즙산에서 살아남아 소장까지 도달하여 장에서 증식하고 정착할 수 있어야 하며, 장관 내에서 유용한 효과를 나타내야 하고 독성이 없으며 비병원성이어야 한다.

프로바이오틱 유산균 균체나 유산균 함유 식품은 장내에서 잡균에 의한 이상발효 방지, 장내 균총의 정상화, 음식물의 소화 · 흡수 증진, 대장의 조절기능 증진, 설사와 변비의 개선, 혈중 콜레스테롤 감소, 면역증진, 암 예방, 정장작용 등의 효과를 발휘하여 인체의 건강에 유익한 작용을 한다고 밝혀졌다.

전통적인 요구르트의 제조에는 *Lactobacillus delbrueckii* subsp. *bulgaricus*(예전 명칭 : *Lactobacillus bulgaricus*)와 *Streptococcus thermophilus*가 사용되어 왔으나, 최근에는 유산균 중에서 인체에 유용한 효과가 탁월하여 프로바이오틱스로 분류되는 균종이 함께 사용되고 있다. 현재 우리나라를 비롯하여 미국과 유럽에서 발효유에 첨가되고 있는 프로바이오틱 유산균으로는 *Lactobacillus acidophilus*, *L. casei*, *L. rhamnosus*, *L. reuteri*, *Bifidobacterium lactis*, *B. breve*, *B. longum* 등이 있다.

## 4) 발효의 원리

유산균의 당대사 경로는 그 대사산물에 따라 정상유산발효homolactic fermentation와 이상유산발효heterolactic fermentation로 구분된다 **그림 5-1**.

### (1) 정상유산발효

포도당이 Embden-Meyerhof-Parnas(EMP) 대사 경로를 통하여 최종 대사산물로 오직 유산(젖산)만을 생성한다. *Lactococccus*, *Streptococcus*, *Pediococcus*, *Vagococcus*를 비롯하여 일부 *Lactobacillus*속이 정상유산발효균에 해당된다.

$$\underset{\text{포도당}}{C_6H_{12}O_6} \longrightarrow \underset{\text{유산(젖산)}}{2CH_3CHOHCOOH}$$

### (2) 이상유산발효

포도당이 5탄당 인산경로pentose phosphate pathway를 통하여 최종 대사산물로 유산 이외에 에탄올, 이산화탄소, 초산 등을 생성한다. *Leuconostoc*, *Oenococcus*, *Weissella*, *Carnobacterium* 및 일부 *Lactobacillus*속의 유산균은 이상유산발효균으로 분류된다.

$$\underset{\text{포도당}}{C_6H_{12}O_6} \longrightarrow \underset{\text{유산}}{CH_3CHOHCOOH} + \underset{\text{에탄올}}{CH_3CH_2OH} + CO_2 \text{ 또는}$$

$$\underset{\text{포도당}}{2C_6H_{12}O_6} + H_2O \longrightarrow \underset{\text{유산}}{2CH_3CHOHCOOH} + \underset{\text{에탄올}}{CH_3CH_2OH} + \underset{\text{초산}}{CH_3COOH} + 2CO_2 + 2H_2$$

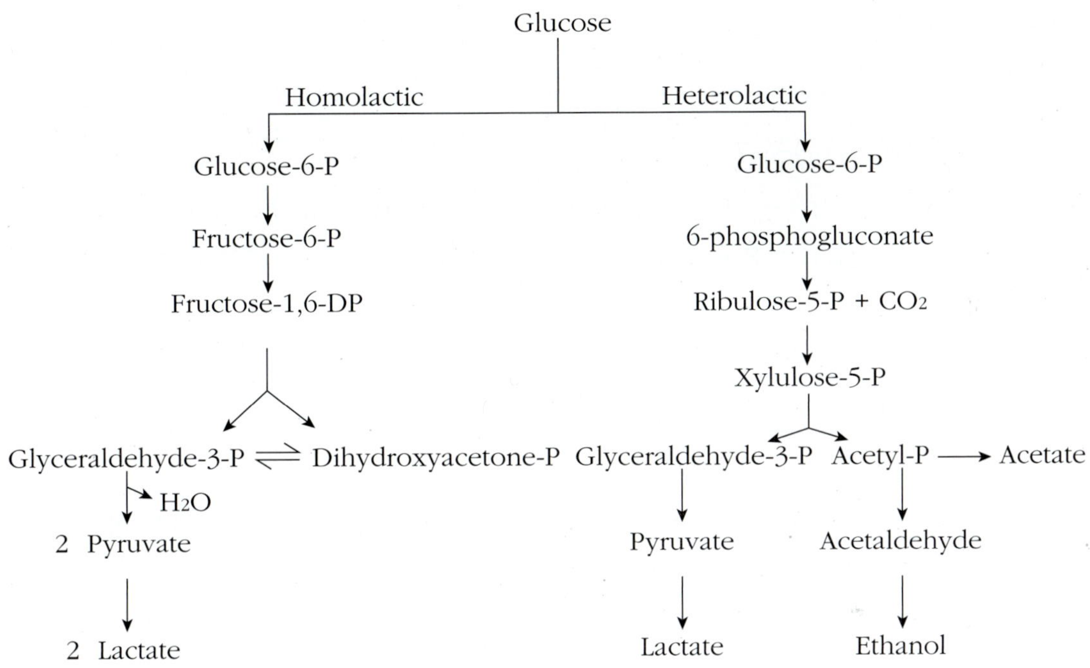


**그림 5-1** | 유산균의 정상유산발효와 이상유산발효

## 5) 요구르트

요구르트는 발효유 중에서 전 세계적으로 가장 널리 소비되고 있는 대표적인 제품이다. 현재 시판되고 있는 요구르트는 제품의 형태에 따라 액상요구르트와 농후요구르트로 구분된다. 농후요구르트에는 과일(과육)을 넣어서 떠먹을 수 있게 만든 호상요구르트와, 마실 수 있도록 만든 드링크요구르트가 있다.

## (1) 요구르트의 종류

### ① 액상요구르트

액상요구르트는 무지유고형분이 3% 이상이고 유산균수가 $10^7$/mL 이상인 제품으로, 주로 탈지유와 탈지분유를 원료로 하여 제조된다. 액상요구르트는 우리나라를 비롯한 아시아 지역에서 많이 소비되고 있으며, 국내에서 생산되는 발효유 중에서 소비량이 가장 많은 제품이다.

### ② 농후요구르트

■ 호상요구르트

호상요구르트는 점성이 높으며 과육이나 과일잼을 첨가하여 떠먹을 수 있도록 만든 요구르트이다. 무지유고형분이 8% 이상이고 유산균수가 $10^8$/mL 이상 존재한다. 첨가되는 과일로는 딸기, 오렌지, 파인애플, 포도, 복숭아 등이 많이 이용되고 있으며, 소비자의 기호에 따라 견과류나 곡류가 첨가되기도 한다.

■ 드링크요구르트

드링크요구르트는 떠먹는 불편함이 없이 간편하게 마실 수 있도록 만든 농후발효유로, 성분규격은 호상요구르트와 유사하며 무지유고형분이 8% 이상이고 유산균수가 $10^8$/mL 이상 존재한다. 배양 후에 커드curd를 완전히 분쇄하여 점도를 낮춘 후 과즙, 향료, 감미료 등 각종 첨가물을 추가한 다음 용해하고 균질화하여 마실 수 있도록 제조되었다. 우리나라에서 드링크요구르트의 소비량은 액상발효유에 비해 적지만 매출 규모는 더 크다.

■ 냉동요구르트

요구르트 배양액을 냉동시켜 아이스크림 형태로 만든 것으로, 아이스크림과 요구르트의 두 가지 장점을 살려서 만든 제품이다. 일반적으로 냉동요구르트는 아이스크림 기계를 이용하여 제조되며 소프트아이스크림처럼 즉석에서 판매되고 있다. 아이스크림처럼 부드러운 조직감을 갖고 있으나 아이스크림보다 천천히 얼고 천천히 녹는 특성을 지녔다. 저지방 또는 무지방 요구르트를 사용하여 만들기 때문에 아이스크림보다 지방이 적게 함유되어 있다.

### (2) 사용재료 및 균주

#### ① 원료유

요구르트를 포함한 발효유의 제조에는 주로 소, 염소, 양의 젖이 원료유로 사용되며, 지역에 따라 버펄로buffalo나 낙타의 젖을 이용하는 경우도 있다.

식품의 국제표준인 CODEX STANDARD의 규정에 따르면 요구르트에 사용되는 원재료는 다음과 같은 것을 필수적으로 사용해야 한다.

- 살균유 또는 살균된 농축유
- 살균된 부분탈지유 또는 살균된 탈지유
- 살균된 농축부분탈지유 또는 살균된 농축탈지유
- 살균된 크림
- 이들 제품의 2가지 이상 복합물

#### ② 첨가물

원료유에 첨가되는 안정제는 떠먹는 호상요구르트의 점도 유지 또는 조직감 개선을 위해 사용된다. 안정제로는 젤라틴, 펙틴, 한천, 전분 등이 주로 이용된다.

발효 후 냉각이 끝난 배양액에는 요구르트의 종류에 따라 향, 과일(딸기, 오렌지, 파인애플, 포도, 복숭아 등), 감미료(포도당, 과당, 올리고당, 아스파탐 등) 또는 기능성 원료(식이섬유, 올리고당, 비타민, 무기물, 천연추출물 등)가 혼합된다. 호상요구르트는 혼합된 첨가물이 잼의 형태로, 드링크요구르트는 시럽의 형태로 첨가된다.

#### ③ 유산균 스타터

발효유의 제조에 사용되는 유산균은 제품의 종류에 따라 단일 또는 혼합 균주가 스타터로 이용되고 있다. 액상요구르트의 경우는 대체로 유산간균인 *Lactobacillus casei*, *L. acidophilus*, *L. delbrueckii* subsp. *bulgaricus* 등의 단일 균주가 종균으로 사용된다. 반면에 호상요구르트나 드링크요구르트는 유산구균인 *Streptococcus thermophilus*와 유산간균인 *L. delbrueckii* subsp. *bulgaricus*의 혼합배양이 주로 이용된다. 혼합배양 스타터는 단일 균주를 사용하는 경우에 비해 균주 간 상호보완적인 상승작용을 하므로 배양시간의 단축과 유용한 대사산물의 생성에도 유리하게 작용한다. 즉, *Str. thermophilus*가 유단백질을 우선적으로 분해하고, 분해한 단백질을 *L. delbrueckii* subsp. *bulgaricus*가 신속히 이용하므로 배양시간이 단축되고 풍미가 좋은 발효유가 만들어진다. 최근에는 프로바이오틱스로 분류되는 균종(*L. casei*, *L. acidophilus*, *L. rhamnosus*, *Bifidobacteria*속 등)이 포함된 3~4종의 유산균 혼합배양 스타터가 상품화되어 이용되고 있다.

### (3) 제조공정

발효유의 제조공정은 종류에 따라 다소 차이가 있으나, 그 생산기술은 전반적으로 요구르트와 유사하다. 요구르트의 일반적인 제조공정은 **그림 5-2** 와 같다.

농후발효유인 호상요구르트는 배양방법의 차이에 따라 세트 타입set type과 스터드 타입stirred type으로 구분된다. 세트 타입은 완제품 용기에 유산균이 접종된 원료유를 담고 배양하는 방식으로, 부드럽고 매끈한 조직의 요구르트가 만들어진다. 스터드 타입은 배양탱크에서 배양이 이루어지며, 원하는 조직이나 물성을 얻을 수 있

그림 5-2 | 요구르트의 제조공정

다는 장점이 있다. 우리나라에서 호상요구르트는 대부분 스터드 타입에 의해서 생산되고 있다. 드링크요구르트는 스터드 타입과 생산공정이 유사하지만, 발효 후에 균질공정이 있다는 점이 다르다. 액상요구르트는 드링크요구르트와 유사한 공정으로 제조되나, 배양액과 시럽의 혼합액을 물로 희석하여 제조한다.

① 원료유의 선별

항생물질, 세균수 및 체세포수 등을 검사하여 요구르트 제조에 적합한 원료유를 선별해야 한다. 원료유는 미생물학적으로 좋은 품질을 유지해야 하며, 특히 유산균의 증식에 방해가 되는 세균과 화학물질이 적어야 한다. 또한 항생물질과 박테리오파지, 세척용액 등이 검출되지 말아야 한다. 이를 위해서는 낙농가에서부터 철저한 검사가 요구된다.

② 원료유의 처리

■ 표준화

표준화는 고형분의 농도를 조정하는 작업으로, 일정량의 탈지 혹은 전지분유를 첨가하거나 농축기evaporator로 원료유를 증류시켜 고형분 함량을 조정한다. 원료유의 고형분 함량이 증가하면 요구르트의 조직감이 개선되고 유청분리 현상이 줄어들며, 산생성이 약간 감소하여 맛이 부드러워지는 이점이 있다. 국내에서는 탈지분유를 첨가하여 무지유고형분 함량을 조정하는 방법이 보편적으로 이용되고 있다.

■ 탈기 및 균질

원료유에 존재하는 공기는 가능하면 최대한도로 낮추는 것이 좋다. 탈기deaeration는 원료유에 미세하게 존재하는 공기를 제거하는 공정으로, 이를 통하여 균질 효율이 향상되고 제품의 점도와 안정성이 높아지며 휘발성 이취 물질이 제거된다.

균질공정은 원료유의 성분을 고르게 분산시켜 주는 역할을 하는데, 특히 지방구를 작게 만들어 분산시킴으로써 안정적인 품질이 유지되도록 한다. 그 외에 균질공정은 다음과 같은 이점이 있다.

- 요구르트 커드의 조직을 개선한다.
- 유청분리 현상을 감소시킨다.

• 첨가물(탈지분유, 설탕, 펙틴 등)의 용해 및 분산을 도와준다.

• 혹시 발생할지 모를 덩어리의 형성을 감소시킬 수 있다.

■ 살균 및 냉각

열처리는 판형 열교환기plate heat exchanger를 이용한 연속살균법이 주로 이용되며, 열처리에 의해 원료유에 본래 존재하는 미생물과 병원성 미생물이 모두 사멸된다. 판형 열교환기는 예열, 본살균, 냉각의 구역으로 구분되어 있다. 일반적으로 55~70℃에서 예열을 한 후 90~95℃에서 5분간 본살균을 하며, UHT 또는 HTST 방식이 이용되기도 한다. 열처리에 의해 요구르트의 점도를 높이고 조직을 개선하며 유청분리 현상을 감소시킬 수 있다. 원료유의 살균이 끝나면 유산균을 배양할 온도 수준으로 냉각을 한다.

### ③ 스타터 접종

살균이 끝나고 40° C로 냉각된 원료유에 미리 제조된 스타터를 1%씩 접종한다. 일반적으로 멸균된 우유배지에 *Str. thermophilus*와 *L. delbrueckii* subsp. *bulgaricus*균을 각각 접종하고 배양하여 얻어진 균액을 스타터로 사용한다. 접종 시 외부의 세균에 오염되지 않도록 주의하며, 활력이 좋은 종균을 사용해야 한다.

최근 유가공 산업체에서는 스타터 배양과정 없이 냉동 · 건조된 종균을 스타터로 사용하고 있다. 주로 *Str. thermophilus*와 *L. delbrueckii* subsp. *bulgaricus*균이 혼합된 스타터 또는 프로바이오틱스로 분류되는 균종이 포함된 3~4종의 유산균 혼합배양 스타터를 이용하며 발효탱크에 직접 1회용 스타터 분말을 투입하여 접종한다.

### ④ 배양 및 냉각

접종하는 유산균주의 종류와 특성에 따라 배양온도를 조절해야 한다. *Str. thermophilus*와 *L. delbrueckii* subsp. *bulgaricus*의 혼합균주를 사용하는 경우 일반적으로 배양온도 40~42℃에서 6시간 이내에 배양이 완료되는 단기배양 방법이 이용된다. 이 방법은 고온성균인 *Str. thermophilus*가 혼합된 스타터에 한하며, 그 외에는 사용하는 유산균의 생육온도 특성에 따라 다소 차이가 있다. *L. acidophilus*나 *Bifidobacterium*의 단독배양인 경우에는 37℃에서 배양하는 것이 적합하다.

배양액의 pH가 4.5 부근에 이르면 커드의 굳기가 알맞게 되는데, 이때 즉시 배양액을 20~25℃로 냉각시킨 후 저장탱크에 보관한다. 이는 유산균에 의한 산생성을 정지시킴으로써 pH가 떨어지는 것을 막기 위한 것이다.

⑤ 조합 및 제품화

- 호상요구르트

  냉각된 배양액에 과일잼을 혼합하여 떠먹는 형태로 제조한다.

- 드링크요구르트

  냉각된 배양액을 균질기를 이용하여 교반하면서 커드를 파쇄하여 마시는 형태로 변환시킨 후 과일시럽과 혼합하여 최종 제품을 만든다.

- 액상요구르트

  드링크요구르트와 유사한 공정으로 제조되나, 배양액과 시럽의 혼합액을 물로 희석하여 제조한다.

## 6) 기타 발효유 제품

### (1) 유산발효유

요구르트 이외의 주요 유산발효유로는 발효버터유와 애시도필러스유가 있다.

① 발효버터유

발효버터유fermented butter milk는 버터유에 유산균 스타터를 접종하고 발효시킨 후 응고된 커드를 분쇄하고 균질화 과정을 거쳐 마실 수 있게 만든 제품이다.

버터유butter milk는 크림에서 고체지방 성분을 분리하여 버터로 만들고 남겨진 액체의 부산물로 물(약 90%), 유당(약 5%), 카세인(약 3%) 및 소량의 버터지방과 유산을 함유하고 있다. 영양가가 높아서 음료수로 애용되고 있으나, 이취가 쉽게 생기고 저장기간이 매우 짧은 문제점이 있다. 이와 같은 문제점을 해결하기 위하여 버터유를 발효시켜 만든 것이 발효버터유다.

일반적으로 *Lactococcus lactis* subsp. *lactis*와 *Lactococcus lactis* subsp.

*cremoris*의 혼합균주를 스타터로 이용하여 제조하고 있다. 유산균발효에 의해 생성된 풍미 물질에 의해 기호성이 좋고 점도가 높으며 영양가가 높아서 현재 미국을 비롯한 유럽 여러 나라에서 음료수로서 널리 애용되고 있다. 최근 상업적으로 제조되는 대부분의 제품은 탈지유를 발효시킨 것으로 천연 발효버터유에 비해 점도가 높다는 점을 빼고는 특성이 거의 유사하다.

#### ② 애시도필러스유

애시도필러스유acidophilus milk는 탈지유 또는 전유에 *Lactobacillus acidophilus*를 스타터로 첨가하고 발효시킨 후 커드를 분쇄하고 균질화하여 음용할 수 있도록 만든 발효유 제품이다. *L. acidophilus*는 풍미가 좋지 못하며, 산생성 속도가 완만하고, 탈지유에서 배양할 때 생균수가 $10^8$/mL 정도밖에 증식하지 못하는 단점이 있다. 배양 시 균의 활성을 높이기 위하여 원료유에 토마토즙이나 당근즙을 첨가하기도 한다.

*L. acidphilus*는 사람의 장내에 서식하고 있는 균으로 정상유산발효를 하고 산과 담즙산에 대한 저항성이 강한 특성이 있으며, 섭취 시 건강에 유익한 효과가 있어 프로바이틱스로 분류되고 있다. 특히 *L. acidophilus*는 *Bifidobacteria*속 균주와 더불어 장내 균총의 불균형을 정상으로 회복시키는 데 주요한 역할을 한다. 또한 콜레스테롤 감소, 유당불내증 개선, 유해균의 생육억제, 면역력 증진, 대장암 예방 등 다양한 생리적 효능을 갖고 있는 것으로 밝혀졌다.

### (2) 유산-알코올발효유

케피어kefir와 쿠미스kumiss는 유산-알코올발효유의 대표적인 제품으로 유산 이외에 알코올과 일부의 탄산가스가 포함되어 있는 것이 특징이다. 이들 제품은 주로 중앙아시아와 동유럽 지역에서 우유, 산양유 및 마유 등을 원료로 하여 생산되고 있다.

#### ① 케피어

코카시아Caucasia 산악지역에서 유래된 케피어kefir는 가장 오래된 발효유 중의 하나로, 우유나 산양유에 유산균과 효모가 들어 있는 케피어 입자kefir grain를 스타터로 이용하여 제조한 유산-알코올발효유이다. 유산균과 효모로 함께 발효하기 때문에 0.5~1.5%의 알코올과 함께 탄산가스가 생성되어 톡 쏘는 맛이 나며 특유의 약한 효모 향을 갖고 있다. 러시아를 중심으로 동유럽에서 주로 소비되고 있으며, 러시아에서는 발효유 시장의 약 70%를 차지하고 있다.

■ 케피어 입자

케피어 입자kefir grain는 노란색의 작은 덩어리 형태인 꽃양배추 모양으로 지름이 15~20mm이며, 단백질과 다당류 및 여러 종류의 미생물로 구성되어 있다. 케피어 입자에는 다양한 종류의 유산간균(*Lactobacillus acidophilus, L. kefir, L. casei* 등) 및 유산구균(*Lactococcus lactis* subsp. *lactis, Lc. lactis* subsp. *cremoris*) 등의 유산균과 효모(*Candida kefir, Kluveromyces marxianus var. marxianus, Saccharomyces cerevisiae* 등)가 존재한다. 일반적으로 케피어 입자의 외곽에는 효모가, 내부에는 유산균이 분포하고 있으며, 전체 미생물균총으로 유산간균이 70%, 유산구균이 20%, 효모가 10%를 점유하고 있다.

케피어 입자는 물과 대부분의 용매에서는 녹지 않는다. 우유에 담갔을 때 입자는 부풀어 오르고 흰색으로 변한다. 발효과정 동안 유산균은 유산을 생성하며, 유당발효성 효모는 알코올과 탄산가스를 생성한다.

■ 케피어 제조 방법

케피어의 제조방법은 다른 대부분의 발효유와 마찬가지로 요구르트와 동일한 공정을 거친다. 원료유의 지방 함량은 0.5~6%로 다양하지만, 일반적으로 2.5~3.5%의 지방이 함유되어 있다. 선별된 원료유를 90~95℃에서 5분간 살균하고 23℃로 냉각한 후, 케피어 입자를 2~3% 첨가하고 배양한다. 배양은 일반적으로 산생성acidulation과 숙성ripening 두 단계로 진행한다. 산생성 단계에서는 배양액의 pH가 4.5가 될 때까지 23℃에서 약 12시간 배양한 후 교반기로 응고물을 잘 섞으면서 냉각시킨다. 숙성 단계에서는 배양액의 온도를 14~16℃로 조정하고 12~14시간 배양하여 케피어가 갖는 특유의 약한 효모 향을 생성시킨다. 배양이 끝난 발효액은 즉시 5~8℃로 냉각하고 제품화한다.

② 쿠미스

쿠미스kumiss는 말의 젖을 원료로 하여 유산균과 효모를 스타터로 이용하여 발효시킨 유산-알코올발효유로서, 중앙아시아에서 남부 시베리아 지역에 걸쳐 제조되고 있다. 말의 젖에는 비타민 C가 우유의 5배 정도 들어 있으며, 기타 성분은 사람의 젖과 유사하다.

전통적으로는 마유를 원료유로 사용하지만, 최근에는 우유에 설탕을 첨가하여 상업적으로 제조하고 있다. 스타터 미생물로는 *Lactococcus lactis* subsp. *lactis*와 *Kluveromyces fragilus*가 주로 이용되며, 유산발효보다 알코올발효성이 더 강하여 케피어에 비해 알코올 함량이 높고 청량미가 있다.

마유나 우유(주로 탈지유)에 유당이나 설탕을 첨가하고 살균한 원료액에 유산균(*Lc. lactis* subsp. *lactis*)과 유당발효성 효모(*K. fragilus*)를 접종하여 27°C에서 2~4시간 발효시킨 다음 5~8°C에서 숙성시켜 제조한다. 최종 제품의 알코올 함량은 0.7~2.5% 정도이다.

## 7) 발효유의 기능성

발효유의 원료가 되는 포유류의 젖은 각종 영양분이 골고루 들어 있으며, 특히 단백질, 칼슘, 비타민 $B_2$, 비타민 $B_{12}$ 등의 함량이 높아 우수한 영양공급원의 역할을 한다. 발효유는 '거의 완전한 식품'으로 알려진 우유를 원료로 사용하기 때문에 우유의 영양적인 효과와 유산균의 건강기능성을 동시에 갖고 있다.

발효유의 건강기능성 효능은 메치니코프의 불로장수설을 비롯하여 많은 연구자의 과학적인 연구에 기초를 두고 있으며 최근까지 장운동 조절, 병원성 세균의 억제, 소화·흡수의 촉진, 변비·설사의 예방 및 개선, 혈중 콜레스테롤 저하, 면역강화, 항암작용 등의 다양한 효능이 보고되었다.

### (1) 발효유의 영양 효과

유산균발효에 의해 우유의 영양적인 가치가 다음과 같이 증대된다.

- 동양인에게 소화성이 나쁜 유당이 포도당과 갈락토오스로 분해된다.
- 단백질이 분해되어 필수아미노산 함량이 증가하고 소화·흡수가 용이한 상태로 된다.
- 유산균의 대사산물로 비타민 B 그룹, 엽산, 니아신 및 생리활성물질이 생성된다.

### (2) 장내 유용한 작용

발효유에 존재하는 유산균은 다음과 같은 기전에 의해 장내에서 유용한 작용을 한다.

- 대사산물로 항균물질을 생산하거나 장내 pH를 저하시킴으로써 장내 유해균의 증식을 억제한다.
- 유산균이 장내에서 영양소를 경쟁적으로 섭취하여 장내 유해균의 증식을 억제한다.
- 유해균의 진입 관문인 위장관의 점막을 유산균이 선점해서 병원균이 점막에 정착하지 못하도록 한다.
- 장내 유해물질을 분해하거나 그 합성을 저지한다.
- 항체 수준을 높이고 대식세포macrophage의 활력을 증가시켜 숙주의 면역력을 높인다.

### (3) 설사와 변비의 개선

유산균발효에 의해 생성되는 유산은 장내 산도를 증가시켜 소화 · 흡수를 촉진하며, 대장에서는 연동운동을 원활하게 해주어 정상적인 배변을 돕고 대장 관련 질병 및 변비를 예방한다.

설사는 소아과 영역에서 많이 발생되는 질환으로, 설사 환자의 분변에는 특히 bifidobacteria와 bacteroides 등의 혐기성 균이 감소하고 대장균과 장구균 같은 유해균이 증가하는 경향을 보인다. 유산균발효유는 장내 균총을 정상화하여 항생제성 설사, 여행자 설사, 로타바이러스성 설사의 예방에 효과가 있는 것으로 알려졌다.

### (4) 유당불내증 개선

유당lactose은 우유에 5% 정도 함유된 이당류로 소장에서 분비된 유당분해효소lactase; β-galactosidase에 의해 포도당과 갈락토오스로 분해된다. 동양인에게는 유당을 분해하는 유당분해효소가 결여되어 있거나 효소의 활력이 약한 경우가 많은데, 특히 이 효소가 없는 사람은 섭취한 유당이 분해 · 흡수되지 않아서 유당불내증lactose intolerance이 나타날 수 있다. 발효유의 경우 제조과정 중에 20~60%의 유당이 이미 유산균에 의해 분해되며, 장내에서도 유산균이 분비하는 유당분해효소에 의해 유당이 분해되므로 유당불내증의 요인이 감소한다.

### (5) 콜레스테롤 저하작용

발효유를 즐겨 상용하는 동아프리카의 마사이Masai족이 포화지방과 콜레스테롤 함량이 높은 음식을 섭취함에도 불구하고 낮은 혈중 콜레스테롤 수준을 유지한다는 점이 1974년 Mann과 Spoerry에 의해 발표된 이래, 발효유의 콜레스테롤 관련 효능이 많은 관심을 불러일으켰다. 최근까지 발효유 음용에 의해 혈중 콜레스테롤과 LDL 콜레스테롤이 저하되었다는 여러 임상 실험결과가 보고되고 있다.

### (6) 항암효과

발효유가 암발생에 대한 위험을 감소시킨다는 증거는 여러 연구자의 역학조사에서 밝혀졌으며, 특히 발효유 제품을 많이 섭취한 사람에서 대장암과 유방암의 발생률이 낮다고 보고되었다.

대장에서 장내 부패균에 의해 생성되는 azoreductase, $\beta$-glucuronidase, nitroreductase는 암을 일으키는 효소로서 발암전구물질을 발암물질로 전환시키는 작용을 촉진해 결장암 발생에 중요한 역할을 하는데, lactobacilli 등 유산균이 이들 효소의 활성을 저하함으로써 결장암 발생률을 감소시키는 것으로 밝혀졌다.

## 2. 치즈

치즈cheese란 우유를 유산균을 이용하여 발효시키고 레닛rennet 등의 단백질 응유효소를 첨가하여 응고시킨 후 유청whey을 제거하고 카세인casein과 유지방의 응고체인 커드curd를 숙성시켜서 만든 유제품이다. 지금까지 알려진 치즈의 종류는 무려 2,000여 종에 달하고 있으며, 현재 전 세계적으로 500여 종의 치즈가 상업적으로 생산되고 있다.

치즈는 약 10배 용량의 우유가 농축된 것으로 단백질, 지방, 미네랄, 비타민 등의 영양소가 소화·흡수되기 쉬운 형태로 들어 있어 영양적 가치가 매우 높은 고영양 식품이다.

치즈라는 말은 라틴어인 caseus(카세우스)가 영어의 cheese로 변화된 것으로, 독일어로는 kase(카제), 이탈리아어로는 casio(카초)라고 한다. 프랑스에서는 치즈를 라틴어의 forma(포르마)에서 유래된 fromage(프로마쥬)로 부르고 있다.

치즈는 크게 자연치즈natural cheese와 가공치즈processed cheese로 구분된다. 자연치즈는 신선한 원료유에 유산균을 접종하여 발효시킨 치즈로 식품첨가물이 없는 자연식품이다. 반면에 가공치즈는 자연치즈를 주원료로 각종 식품첨가제와 유화제를 넣은 후 가열·용해시켜서 성형한 것으로, 보존성이 높고 품질이 균일하여 산업적으로 대량 생산되고 있다.

## 1) 치즈의 분류와 규격기준

일반적으로 치즈는 제조방법(자연치즈, 가공치즈), 원료유의 종류(우유, 산양유, 물

**표 5-4 | 치즈의 종류와 특성**

| 구분 | 수분 함량 | 치즈 종류 |
|---|---|---|
| 연질 치즈<br>soft cheese | 55~80% | • 비숙성 : cottage, mozzarella, york, cream, cambridge<br>• 젖산균에 의한 숙성 : belpaese, colwich, lactic, quarg<br>• 흰곰팡이에 의한 숙성 : camembert, brie, neufchatel<br>• 유청 치즈whey cheese : ricotta, mysost, primost |
| 반경질 치즈<br>semi-hard cheese | 45~55% | • 젖산균에 의한 숙성 : brick, munster, limberger, port du salut<br>• 푸른곰팡이에 의한 숙성 : roquefort, gorgonzola, blue, stilton |
| 경질 치즈<br>hard cheese | 34~55% | • 젖산균에 의한 숙성 : cheddar, gouda, edam<br>• 프로피온산균에 의한 숙성(가스 구멍 있음) : emmental, gruyere, asiago |
| 초경질 치즈<br>very hard cheese | 13~34% | • 세균에 의한 숙성 : parmesan, romano, sapsago |
| 가공 치즈<br>processed cheese | | processed cheese food, processed cheese spread |

출처 : 고명수(1998), 축산식품이용학

소유 등), 원료의 지방 함량(전유, 탈지유, 크림), 응유방법(효소응고법, 산응고법, 가열응고법), 숙성방법(비숙성, 세균 숙성, 곰팡이 숙성), 치즈의 경도(경질, 반경질, 연질, 생치즈), 원산지명 등에 따라 분류된다. 현재 보편적으로 이용되고 있는 것은 수분 함량과 미생물의 숙성 여부에 따라서 분류하는 방법이다 **표 5-4** .

축산물가공처리법상의 자연치즈와 가공치즈에 대한 성분규격(유고형분, 유지방)은 **표 5-5** 와 같다.

**표 5-5 | 치즈의 성분규격**

| 종류 | | 유고형분(%) | 유지방(%) |
|---|---|---|---|
| 자연치즈 | 경성치즈 | >60.0 | >24.0 |
| | 반경성치즈 | >40.0 | >9.8 |
| | 연성치즈 | >35.0 | >7.0 |
| | 생치즈 | >18.0 | >3.6 |
| 가공치즈 | 경성가공치즈 | >50.0 | >25.0 |
| | 반경성가공치즈 | >46.0 | >18.4 |
| | 혼합가공치즈 | >38.0 | >7.6 |
| | 연성가공치즈 | >34.0 | >6.8 |

출처 : 축산물가공처리법(2012)

## 2) 치즈의 기원

치즈가 언제 처음으로 만들어졌는지에 대한 명확한 기록은 없지만, 인류가 가축의 젖을 마시기 시작한 때로 추정된다. BC 6000년경 메소포타미아 지역에 치즈와 비슷한 식품에 대한 기록이 있다는 사실로 보아 그 기원은 매우 오래되었음을 알 수 있다.

치즈 발견의 유래를 보면 고대 아라비아의 카나나Kanana라 불리는 행상이 양의 위를 건조시켜 만든 주머니에 염소 젖을 담아서 사막지역을 이동하였는데, 하루의 여행을 마치고 돌아와 밤에 주머니를 열어보니 젖이 흰 덩어리와 물과 같은 액체로 분리되어 있는 것을 발견하였다. 양의 위에 있던 소화효소인 레닌rennin이 젖을 응고시켜 자연적으로 치즈가 만들어진 것으로, 이를 계기로 레닌 사용 치즈가 일반화된 것으로 알려졌다.

로마시대에는 치즈를 성형 · 압착하는 방법이 개발되어 경질치즈의 제조 기술이 거의 오늘날과 같은 수준으로 발전하였다. 로마 병사들에게는 빵, 와인과 더불어 저장과 이동이 편리한 치즈가 제공되었고, 로마제국의 군대가 이동하는 곳마다 치즈 제조시설이 들어서게 되면서 그 기술이 주변 국가에도 전파되었다.

14세기경 중세 때 페스트 감염병이 퍼지면서 유럽대륙 전체가 암흑기에 접어든 뒤로 치즈의 생산과 소비가 급격히 줄어들어, 치즈의 제조는 수도원과 일부 농가에 의해서만 명맥을 유지하게 되었다. 당시 각 지역의 수도원은 치즈 제조 기술을 보존하고 발전시켜 다양한 종류의 치즈를 생산하였으며, 그 기술을 농민들에게 전수하여 전통적인 자연치즈 제조 기술이 오늘날까지 전해 내려올 수 있었다.

1850년대 파스퇴르에 의해 저온살균법이 개발되면서 생우유에서 오염된 미생물을 억제시킬 수 있게 되어 치즈의 생산이 더욱 활성화되었다. 이후 1851년 윌리엄스Jesse Williams가 미국의 뉴욕 주에 최초로 체더치즈 공장을 설립하여 치즈를 대량으로 생산했으며, 1870년 정제 레닛이 생산·시판되면서 치즈의 공업적인 생산이 보다 활성화되었다.

우리나라에서는 1967년 임실에서 벨기에인 지정환 신부가 지역의 식생활 개선 및 경제력 향상을 위해 소규모 피자치즈 제조설비를 갖추고 소량 생산한 것이 시초이며, 1972년 서울우유에서 체더 타입의 자연치즈와 가공치즈를 산업적으로 생산하기 시작하였다. 현재는 여러 유업체에서 치즈를 생산하고 있으나 대부분이 체더치즈를 원료로 만든 가공치즈이며, 자연치즈는 소량으로만 생산되고 있다.

## 3) 치즈의 제조원리 및 발효원리

### (1) 치즈의 제조원리

우유에 유산균을 접종하여 배양하면 유산 생성에 의해 우유의 pH가 낮아진다. 이때 응유효소제인 레닛rennet을 첨가하면 우유단백질이 침전을 일으키고 커드curd가 형성된다 **그림 5-3**. 레닛은 어린 송아지의 제4위로부터 얻어진 추출물로 단백질 가수분해효소인 레닌rennin이 주성분으로 포함되어 있다. 우유단백질인 카세인casein은 마이셀micelle이라고 하는 작은 입자(300nm) 형태로 안정화되어 존재하는데, 레닌의 작용에 의해 카파-카세인$\kappa$-casein의 105번째와 106번째 아미노산인 페닐알라닌phenylalanine과 메티오닌methionine 사이의 펩티드결합이 끊어지면 카세인 마이셀이 불안정화되어 서로 결합하고 엉켜서 카세인과 유지방의 응고체인 커드를 형성하게 된다. 커드로부터 수분인 유청whey을 분리 · 제거하고 압착 및 숙성을 시켜 치즈를 만든다.

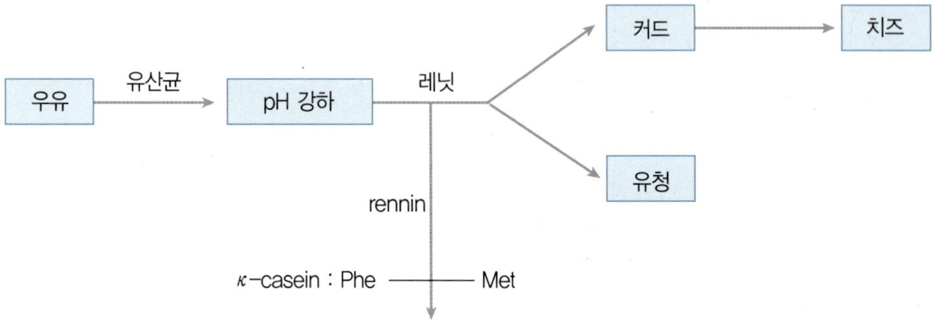


**그림 5-3 | 치즈의 제조원리**

## (2) 치즈의 발효원리

유산균에 의한 유산발효의 원리는 발효유에서 설명한 바와 같다.

치즈의 종류에 따라 숙성 중에 다양한 미생물이 2차 발효를 진행하기도 한다. 스위스치즈Swiss cheese로 불리는 에멘탈치즈emmental cheese의 스타터는 숙성 중에 프로피온산 발효를 한다. 프로피온산균은 생장을 위한 에너지를 얻기 위해 다량의 젖산을 이용하여 프로피온산, 초산, 탄산가스와 물로 전환시킨다. 이러한 발효의 생성물은 스위스치즈의 독특한 풍미와 치즈눈cheese eye을 형성하는 데 기여한다.

프로피온산 발효의 반응식은 다음과 같다.

$$3\ \text{lactate} \longrightarrow 2\ \text{propionate} + \text{acetate} + CO_2 + H_2O$$

그 외에 로크포르치즈roquefort cheese치즈와 카망베르치즈camembert치즈에 곰팡이 스타터가 이용되며, 이들은 치즈의 숙성기간 동안 2차 발효를 진행하여 특유의 형태와 풍미를 부여한다.

## 4) 사용재료 및 균주

### (1) 사용재료

① 원료유

전 세계적으로 생산되는 대부분의 치즈는 연중 생산이 가능한 우유를 원료유로 사용하고 있다. 소규모 치즈 생산자들은 살균처리 없이 양질의 원료유를 사용하여 품질이 좋은 치즈를 제조하기도 하지만, 대규모 공장에서는 우유배달 탱커tanker로 우유를 수집하고 위생적인 치즈의 생산을 위하여 저온살균 처리한 것을 원료유로 사용하고 있다. 젖소의 사육이 적합하지 않은 지역에서는 양과 산양의 젖을 사용하여 치즈를 제조하기도 하는데, 산양의 젖은 병원균이 없어 거의 살균처리를 하지 않는다. 그 외 물소, 야크, 낙타의 젖으로 만든 치즈도 생산되지만 일부 지역에 국한되어 있다.

② 응유효소

레닛의 성분 중에서 단백질 분해능이 있는 효소는 카이모신chymosin이며 일반적으로 레닌rennin이라 불린다. 레닌의 최적 pH는 4.8 부근이며 $Ca^{2+}$를 필요로 하는 효소적 특성이 있다. 레닛은 레닌을 주성분으로 하여 분말이나 정제로 시판되고 있다.

레닛 외에 치즈 제조에 사용되는 단백질분해효소는 다음과 같다.

- 돼지, 소, 닭으로부터 얻는 펩신pepsin
- *Mucor meihei, Mucor pusillus, Endothia parasitica* 등과 같은 미생물이 생산하는 단백질분해효소
- 유전자재조합 카이모신

### (2) 사용균주

① 유산균 스타터

치즈 제조에 많이 이용되는 유산균 스타터로는 *Lactococcus lactis* subsp. *cremoris, Lc. lactis* subsp. *lactis, Lc. lactis* subsp. *diacetilactis, Streptococcus thermophilus, Leuconostoc citrouorum* 등의 구균과 *Lactobacillus casei, L. acidophilus, L. delbrueckii* subsp. *bulgaricus* 등의 간

균이며, 이 균주를 2~3종 혼합한 것을 스타터로 사용한다.

② 곰팡이 스타터

세계적으로 유명한 치즈들 중에는 곰팡이를 접종하고 숙성시켜 2차 발효를 진행시키는 것도 있다. 카망베르치즈는 압착이 끝난 치즈의 표면에 *Penicillium camemberti* 균을 첨가하고 숙성시킨 치즈로 표면에 펠트 모양의 흰곰팡이를 갖고 있다. 로크포르치즈는 *Penicillium roqueforti*를 표면에 첨가하여 숙성시킨 치즈로 내부에 형성된 파란색의 대리석 무늬가 특징이다. 에멘탈치즈의 경우 스타터로 *Propionibacterium freudenreichii* 또는 *P. shermani* 을 접종하여 숙성시키며 프로피온산 발효에 의한 $CO_2$ 가스의 생성으로 특유의 치즈눈cheese eye이 형성된다.

## 5) 자연치즈의 제조공정

수백 종이나 되는 치즈는 제조방법이 각기 다르지만 공통적인 제조공정은 그림 5-4 와 같다. 자연치즈의 제조과정은 원료유의 처리, 발효와 응고, 커드의 처리, 치즈의 숙성 등 4단계로 나눌 수 있다.

### (1) 원료유의 처리

① 원료유의 선별 및 검사

신선한 양질의 원료유를 선별해야 하며, 원료유에 대한 이화학적 및 미생물학적 분석은 품질이 좋고 위생적인 치즈를 만들기 위하여 반드시 필요하다.

원료유는 유방염 등의 질병에 걸리지 않은 소로부터 착유한 양질의 원료유를 사용해야 한다. 특히 유방염 치료에 투여된 항생물질은 유선조직과 혈액을 통해 우유로 이행되기 때문에 주의해야 한다. 일반적으로 미생물검사, 체세포수 검사, 항생물질 검출시험, 성분검사(지방, 단백질, 유당, 총고형분 등) 등을 수행하여 적합한 원료유를 선별한다.

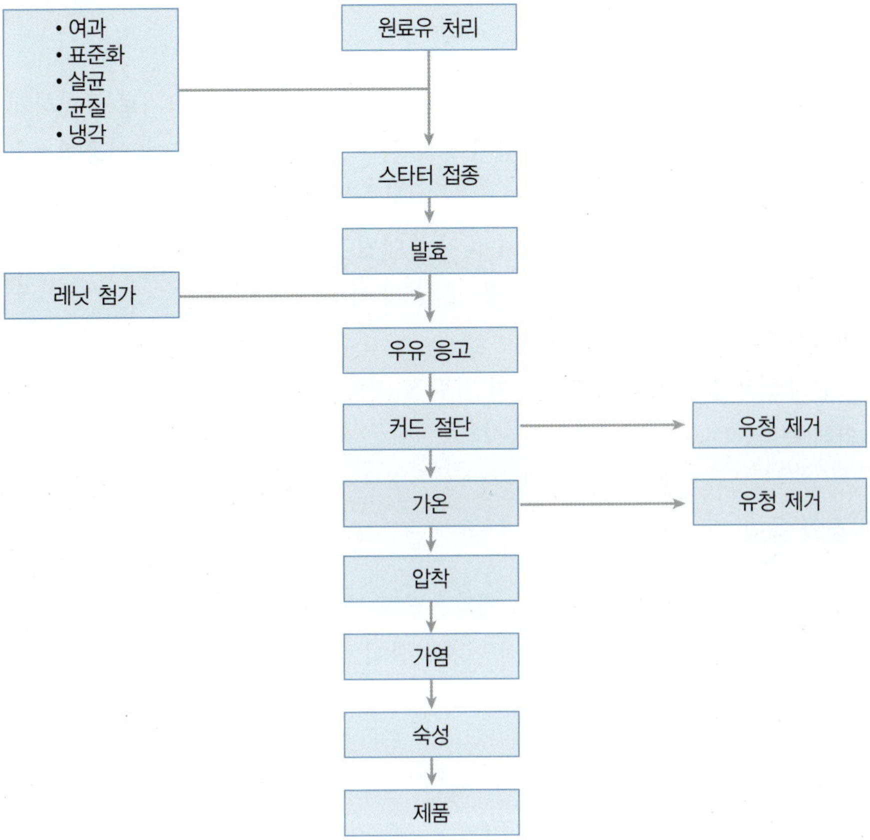


**그림 5-4** | **자연치즈의 일반 제조공정**

② 여과 및 표준화

검사가 끝난 원료유를 여과하여 털, 사료 등의 이물을 제거한 후 5℃로 냉각하여 원료유 탱크에 저장한다. 원료유의 카세인과 지방 함량은 치즈의 품질 및 생산량과 밀접한 관련이 있기 때문에 일반적으로 탈지유를 첨가하여 원료유 성분을 카세인/지방비로 표준화한다.

③ 살균

대규모 공장에서는 위생적인 치즈 생산을 위하여 살균된 원료유로 치즈를 제조하고 있다. 열처리 방법으로는 열교환기와 살균장치를 사용해 75℃에서 15초간 가열 처리하는 고온순간살균법HTST이 보편적으로 이용되고 있다.

④ 균질

균질공정은 1~15㎛ 크기의 지방구들을 분쇄하여 2㎛ 이하의 크기로 균일하게 해주는 작업이다. 주로 블루치즈, 크림치즈 및 일부 연질치즈의 제조에 이용되는데 균질공정은 다음과 같은 이점이 있다.

- 우유로부터 지방과 단백질의 회수율이 증대된다.
- 블루치즈의 숙성 시 지방분해와 향기물질의 생성을 촉진한다.
- 연질치즈의 조직감을 개선한다.
- 크림치즈의 경우 노란색 지방구가 단백질 피막으로 덧씌워져서 치즈 색이 더 희게 된다.

### (2) 발효와 응고

원료유의 살균이 끝나면 유산균의 배양온도로 냉각시킨 다음 유산균 스타터를 접종하여 발효시킨다. 발효에 의해 적당량의 산이 생성되면 응유효소제인 레닛을 첨가하여 우유를 응고시킴으로써 커드가 형성된다.

① 스타터 첨가

유산균 스타터를 첨가하여 우유를 발효시키는 목적은 산생성에 의해 레닛의 응고작용을 촉진하고 잡균의 생육을 억제하기 위한 것이다.

② 레닛의 첨가

우유를 응고시키는 방법에는 레닛 응고법과 산 응고법이 있다. 산 응고법은 코티지치즈나 크림치즈를 만들 때 사용하며, 그 외 치즈는 레닛 응고법을 사용한다.

레닛을 이용하여 우유를 응고시킬 때 적당한 온도는 21~35℃이다. 30℃ 이하의 온도에서는 겔gel의 형성이 약하고, 20℃ 이하에서는 응고가 일어나지 않으며, 60℃ 이상에서는 열에 의해 레닌rennin이 불활성화된다. 응고시키는 온도에 따라 커드의 생성속도, 경도, 탄력성 등의 성질이 달라지기 때문에, 연질치즈는 부드러운 커드를 형성하기 위하여 낮은 온도를 선택하고, 경질치즈는 단단한 고무질 커드를 얻기 위하여 이보다 높은 온도에서 응고시킨다.

### (3) 커드의 처리

생성된 커드로부터 유청을 분리하고 커드를 농축하는 단계로, 치즈의 종류에 따라 다양한 방법이 이용되고 있다.

① 커드의 절단 및 유청 제거

응고된 커드를 커드 절단기로 가늘게 절단하고 커드 내부로부터 수분인 유청을 배출시켜 커드를 농축하는 단계이다. 이 작업을 어떻게 하느냐에 따라 커드의 수분 함량이 달라지고 치즈의 조직감에 영향을 미친다. 일반적으로 0.5~2cm의 칼날 간격을 갖는 한 쌍의 수평철선칼과 수직철선칼을 이용하여 커드를 입방체 모양으로 절단한다.

젤리 형태의 커드를 자르면 즉시 엷은 막이 형성되어 유청이 빠져나가게 되며, 잘게 자를수록 유청이 더 많이 빠져나가 단단한 치즈가 만들어진다. 따라서 경질치즈의 경우 커드를 작게 절단하여 수분을 많이 배출시킴으로써 단단한 조직을 갖게 하고, 수분 함량이 높은 연질치즈를 만들 때는 커드를 크게 절단하여 수분이 적게 빠지도록 한다.

② 커드의 가온

절단된 커드를 그대로 두면 밑으로 가라앉아 커드 입자들이 서로 엉기게 되므로 교반기로 저어주면서 가온cooking한다. 잘라낸 커드를 가열하면서 저어주면 유청의 배출을 촉진해 커드 조직이 더 단단하고 치밀해지며, 가열하는 온도가 높을수록 더 단단한 치즈가 된다. 따라서 경질치즈를 제조할 때에는 가온공정을 거치게 된다.

③ 압착

유청이 어느 정도 제거되면 커드를 구멍이 뚫린 치즈틀에 넣고 압착기로 압착하여 유청을 제거하는 동시에 일정한 크기와 모양을 갖게 한다. 이때 치즈 특유의 모양이 만들어지고 치밀한 조직이 형성된다. 지방의 유출을 막기 위하여 천천히 가압하여 예비 압착을 한 후에 커드를 꺼내고 반전시켜 틀에 다시 넣은 다음 본 압착을 하는 것이 일반적이다. 연질치즈의 경우 가압을 하지 않고 반전시키면서 유청을 배출시키면 치즈 자체의 무게로 커드가 자연적으로 밀착되면서 굳어지게 된다.

④ 가염

연질치즈인 크림치즈나 코티지치즈를 제외한 대부분의 치즈는 소금을 첨가하는 가염공정을 거친다. 소금을 첨가함으로써 치즈의 풍미 향상, 수분제거 촉진, 과도한 유산발효 억제, 부패미생물 생육 억제 등의 효과를 얻을 수 있다.

가염 방법으로는 압착하기 전에 분쇄한 커드에 소금을 첨가하는 방법, 압착 후에 소금을 커드에 뿌리거나 문질러 바르는 방법, 형태가 굳어진 치즈를 20%의 식염수에 담가서 가염하는 방법 등이 있다.

### (4) 치즈의 숙성

압착과 가염이 끝난 숙성 전의 치즈를 생치즈green cheese라고 한다. 생치즈는 조직이 단단하고 풍미가 없으나, 일정 기간 숙성시키면 미생물과 효소의 작용에 의해 큰 유기분자들이 서서히 분해되고, 다시 여러 다양한 저분자 물질로 전환되면서 치즈 고유의 질감과 특징적인 풍미를 갖게 된다. 일부의 연질치즈(코티지치즈, 크림치즈)를 제외하고 거의 모든 치즈는 온도와 습도가 조절되는 숙성실에서 수주~수개월, 종류에 따라서는 1년 이상 숙성시킨다.

숙성실의 온도는 일반적으로 10~15℃이다. 연질치즈는 빨리 숙성되므로 경질치즈보다 낮은 온도에서 숙성시키며, 경질치즈는 약간 높은 온도에서 숙성시킨다. 습도는 경질치즈는 80%, 연질치즈는 95% 정도로 유지시켜 치즈 표면이 마르지 않도록 한다. 경질치즈는 숙성하는 동안 주기적으로 뒤집어주어 고르게 숙성시킨다.

**치즈 숙성 중의 변화**

유산균이나 다른 미생물들에 의해 분비되는 여러 효소에 의해 생치즈의 주성분인 단백질 · 지방 · 유당이 펩티드 · 아미노산 · 지방산 · 유산으로 분해되고, 다시 여러 다양한 저분자 물질로 변환된다.

단백질은 펩티드를 거쳐 아미노산으로 분해되어 맛있는 성분의 주체가 된다. 아미노산의 일부는 다시 아민, 알데히드, 암모니아, 지방산, 황화수소, 탄산가스 등으로 분해되어 독특한 풍미를 부여한다. 지방은 지방산으로 분해되고 다시 아세톤acetone과 여러 종류의 메틸케톤methyl ketone으로 변화되어 치즈 풍미에 중요한 향기 성분으로 작용한다. 유산균의 발효에 의해 생성된 유산의 일부는 초산acetic acid, 프로피온산propionic acid, 부티르산butyric acid, 알데히드aldehyde 등으로 전환된다.

## 6) 가공치즈의 제조

가공치즈는 종류 또는 숙성도가 다른 자연치즈를 분쇄 · 혼합하고 각종 식품첨가제와 유화제를 넣은 후 가열 · 용해시켜서 성형한 것으로, 우리나라 치즈 소비량의 대부분을 차지하고 있다.

가공치즈는 보존성이 높고 품질이 균일하며, 제품의 모양 · 크기 · 포장이 자유롭고 원료배합에 따라 다양한 맛을 갖는 제품을 만들 수 있어 여러 나라에서 상업적으로 대량 생산되고 있다. 하지만 원료로 사용되는 자연치즈의 독특한 풍미와 특징이 손실되는 단점이 있다.

가공치즈를 제조하는 방법은 다음과 같다.

① 자연치즈(체더치즈, 하우다치즈 등)를 절단기를 사용하여 적당한 크기로 자르고 그라인더로 분쇄한다.

② 분쇄된 치즈에 인산나트륨이나 시트르산나트륨과 같은 유화염emulsifier, melting salt을 첨가하고 70~95℃에서 수분 동안 가열하여 용해시킨다. 이들 염류는 칼슘이온과 결합하는 성질이 있어, 불용성의 파라카세인 칼슘을 가용성의 파라카세인 나트륨으로 전환시켜 원료치즈가 쉽게 녹도록 한다.

③ 치즈의 온도가 50℃ 이하로 되면 유동성을 잃기 때문에 용해된 치즈는 70℃ 이상에서 알루미늄박이나 왁스를 입힌 셀로판에 담아 밀봉하고 냉각시켜 제품화한다.

## 7) 주요 치즈

### (1) 체더치즈

노란색의 체더치즈cheddar cheese는 영국 남서부 섬머셋 지방의 체더 마을에서 유래된 것으로 전 세계적으로 가장 많이 생산되고 있는 자연치즈이다. 우유나 염소젖을 원료로 하여 만들며 순한 맛부터 부드러운 신맛, 자극적인 맛 등 다양한 맛을 지니고 있다.

경질치즈인 체더치즈의 경우 커드를 절단기로 작게 자르는 대신에 체더링

cheddaring이라 불리는 독특한 방식을 사용하여 커드로부터 남아 있는 유청을 제거한다. 즉 체더링이란 유청이 빠지고 남은 커드들을 큰 덩어리로 한데 모아 벽돌 모양으로 자른 다음 하나씩 쌓아놓고 시간 간격을 두어 위치를 바꾸고 뒤집으면서 남은 유청을 제거하여 매끈한 조직감을 갖게 하는 것이다. 숙성기간은 6~18개월까지 다양하다.

### (2) 에멘탈치즈

에멘탈치즈emmental cheese는 스위스를 대표하는 치즈로 스위스의 에멘탈 지역이 원산지이다. 치즈의 표면에 뚫려 있는 구멍으로도 잘 알려져 있으며 스위스치즈Swiss cheese라고도 불린다. 경질치즈로 매끈하고 밝은 황색 껍질과 탄력적인 조직을 갖고 있으며 호두와 같은 고소한 맛과 감미로운 풍미가 있다. 숙성 중에 프로피온산균propionic bacteria에 의한 탄산가스의 생성으로 치즈 내부에 가스 구멍인 치즈눈cheese eye이 형성된다. 숙성기간은 10~12개월이며, 숙성된 치즈의 껍질에는 'Switzerland' 라는 스탬프가 찍혀 있다.

### (3) 하우다치즈

하우다치즈gouda cheese는 네덜란드의 하우다 지역명에서 유래한 반경질치즈로 네덜란드 전체 치즈 생산의 60%를 차지하고 있으며 미국, 영국, 독일, 덴마크 등에서도 많이 제조되고 있다. 담황색 또는 노란색을 띠며 껍질은 파라핀 왁스로 코팅되어 있다. 숙성은 1개월부터 2년 이상 숙성한 것까지 다양하다. 풍미는 고소함이 섞인 가벼운 캔디 맛이며, 2년 이상 숙성된 치즈는 버터를 넣은 캔디와 비슷한 맛을 낸다.

### (4) 로크포르치즈

로크포르치즈roquefort cheese는 반경질치즈로 프랑스의 동남부에 있는 로크포르 지역에서 생산되며, 곰팡이 *Penicillium roqueforti*에 의해 숙성된 전형적인 블루치즈이다. 치즈에 푸른곰팡이가 존재하는 경우 제조 방법과 관계없이 블루치즈로 분류된다. 단 로크포르라는 이름은 로크포르 지방에서 양의 젖으로 만들어진 것에만 붙여진다.

유청이 배출된 커드에 *Penicillium roqueforti* 균을 넣고 소금을 첨가한 후 직경 2~3mm의 구멍을 내고 2~6개월 숙성시키면 치즈 내부에서 푸른곰팡이가 성장하여 특유의 파란색의 대리석 무늬가 형성된다. 로크포르치즈는 톡 쏘는 자극적인 향과 풍부하고 부드러운 질감으로 유명하다.

### (5) 카망베르치즈

프랑스 노르망디 지방의 카망베르에서 유래된 카망베르치즈camembert cheese는 연질치즈로 표면에 흰곰팡이가 피어 있는 것이 특징이다. 생치즈 표면에 *Penicillium camemberti* 균을 뿌려 숙성시키면, 표면에 흰곰팡이가 펠트 모양으로 자라고 내부는 부드러운 크림 상태로 된다. 치즈는 1~2개월간 숙성시키며, 숙성 정도에 따라 온화한 맛에서 강한 맛까지 다양한 맛을 갖고 있다.

### (6) 모짜렐라치즈

모짜렐라치즈mozzarella cheese는 이탈리아가 원산지로 물소의 젖을 이용하여 만든 연질치즈이다. 최근에는 수요량이 증가하면서 여러 나라에서 우유로 만든 모짜렐라치즈가 대량 생산되고 있다. 커드를 뜨거운 물에서 매끈하고 광택이 나는 덩어리가 될 때까지 반죽하고 공이나 타원형 모양의 덩어리로 잘라내어 소금물에 적신 다음 포장한다. 모짜렐라치즈는 크림색을 띠고 있으며 탄력이 있어 쫄깃하게 씹히는 맛이 있다. 또한 순하고 신선한 우유 향이 나며 약간의 짠맛을 갖고 있다. 우유로 만든 것은 고무처럼 탄력이 있으나 물소의 젖으로 만든 치즈는 연한 질감을 갖고 있다.

### (7) 코티지치즈

코티지치즈cottage cheese는 숙성시키지 않은 신선한 흰색의 연질치즈로 맛이 부드러우면서 약간의 신맛이 있다. 네덜란드가 원산지로 비숙성 치즈 중에서 세계적으로 가장 널리 생산되고 있으며, 특히 미국에서 가장 많이 생산되며 소비되고 있다. 압착공정 없이 커드 절단에 의해서만 유청을 배출하므로 치즈에 어느 정도 액체가 남아 있다. 보통 탈지유로 만들기 때문에 저칼로리의 다이어트 식품으로도 인기가 높다. 맛의 향상을 위해 소량의 크림을 첨가하여 만들기도 한다.

### (8) 크림치즈

크림치즈cream cheese는 숙성시키지 않은 신선한 흰색의 연질치즈로 탈지유로 만든 코티지 치즈와 비슷하지만, 치즈크림이나 크림을 첨가한 우유로 만들기 때문에 지방 함량이 더 많고 맛도 풍부하며 버터처럼 매끄러운 조직으로 되어 있다. 샌드위치나 크래커에 바르거나 넣어서 먹으며 치즈케이크를 만들 때 이용한다.

### (9) 파르메산치즈

파르메산치즈parmesan cheese는 이탈리아의 북쪽에 위치한 파르마Parma 지방이 원산지인 초경질치즈로, 조직이 매우 딱딱하여 가루로 만들어서 사용하며 피자, 스파게티, 샐러드 위에 뿌려 먹는 분말 치즈로도 유명하다. 우유로 만들며 달콤한 맛에서부터 강한 맛까지 종류가 다양하다. 최근 유럽연합 법원에서는 파르메산이란 치즈 명칭은 파르마 지방에서 제조된 것에만 사용할 수 있다고 판결을 내렸다.

## 8) 치즈의 영양 및 기능성

치즈는 약 10배 용량의 우유가 농축된 것으로 단백질, 지방, 미네랄, 비타민 등이 풍부하게 함유되어 있다. 치즈는 종류에 따라 단백질과 지방이 10~30% 정도 함유되어 있으며, 경질치즈의 경우 단백질이 30%에 이르는데 이는 20% 정도인 육류를 능가하는 수준이다. 숙성과정을 거친 치즈는 미생물과 효소의 작용으로 단백질과 지방이 소화 · 흡수되기 쉬운 아미노산과 지방산으로 분해되기 때문에 체내 흡수율을 높여준다. 치즈 단백질에 함유된 아미노산 중 메티오닌methionine은 간장의 활동을 강화시키고 알코올을 빠르게 분해하여 숙취 해소에 효과적이라고 알려졌다. 그 밖에 칼슘, 철분, 비타민 $A_1$, $B_2$, 판토텐산, 콜린choline 등을 함유하고 있고, 지용성 비타민인 비타민 A, D, E, K 등이 풍부하여 영양가가 매우 높다. 경질치즈는 칼슘 함량이 풍부하게 들어 있어 골다공증 예방에 좋다고 알려졌다. 비타민 C는 치즈에 함유된 양이 매우 부족한 편인데, 이는 제조과정에서 대부분 유청과 함께 배출되기 때문이다. 따라서 치즈를 먹을 때 과일, 채소를 함께 곁들여 먹으면 치즈에 부족한 영양소인 비타민 C와 섬유소를 보충할 수 있다.

# Chapter 6

# 유기산 발효

1. 식초
2. 구연산
3. 젖산

# 6

# FERMENTED FOOD

# 1. 식초

식초는 알코올이 산화 · 발효되어 생성된 초산을 주성분으로 하는 산성 조미료이며, 술과 함께 인류의 식생활에서 가장 오랜 역사를 갖고 있는 발효식품 중의 하나이다. 예로부터 음식을 조리할 때 산미를 갖게 하는 조미료로 쓰였으며 민간의약으로도 널리 이용되었다.

식품공전에 따르면 곡류, 과실류, 주류 등을 주원료로 하여 발효시켜 제조하거나 이에 곡물당화액, 과실착즙액 등을 혼합 · 숙성하여 만든 양조식초(발효식초)와 빙초산 또는 초산을 먹는 물로 희석하여 만든 합성식초로 구분된다. 양조식초는 초산과 더불어 각종 유기산과 아미노산을 함유하는 건강식품인 데 비하여, 합성식초는 단순한 산미 역할밖에는 하지 못하며 중금속 잔류독성 문제와 소비자의 인식 전환으로 일반 가정에서는 거의 사용되지 않는다. 현재 제조 판매되고 있는 식초의 대부분은 양조식초이며, 세계 여러 나라에서 다양한 원료가 식초 제조에 사용되고 있다. 우리나라와 미국에서는 사과식초, 영국에서는 맥아식초가 일반적이며, 영국 이외의 유럽 지역에서는 포도주로 만든 와인식초가 주로 생산되고 있다.

## 1) 식초의 종류

양조식초는 사용하는 원료에 따라 다음과 같이 세 종류로 구분된다.

- 과실식초 : 사과, 감, 포도, 레몬 등
- 곡물식초 : 현미, 쌀, 맥아 등
- 주정식초 : 주정, 당류 등

식초의 국내 규격은 감식초는 초산 함량이 2.6% 이상, 기타 식초는 4~20%로 되어 있으며, 유럽 등에서는 초산 4% 이상의 양조식초만 허가되고 있다.

식초에 존재하는 모든 유기산의 총합을 총산도total acidity라 하며, 초산의 농도만을 나타낼 때는 산도acidity라고 정의하고 있다. 시판 식초의 경우 총산도에 대한 초산의 함량은 90~99% 정도이다. 완제품의 총산도에 따라서 식초를 구분하기도 하는데 4~5%인 것을 저산도 식초, 6~7%인 것을 일반 식초, 12~14%인 것을 2배 식초, 18~19%인 것을 3배 식초라고 한다.

## 2) 기원

식초는 보존하고 있던 술이 우연히 변화하여 만들어진 것이 그 시초로서, 식초의 역사는 술과 거의 같다고 볼 수 있다. 영어로 식초를 vinegar라 하는데 이 말은 프랑스어로 포도주라는 의미의 vin wine과 시다는 의미의 aigre sour가 합쳐진 비네그레 vinaigre에서 유래한 것으로 보아 식초는 포도주로부터 만들어진 것을 알 수 있다.

기록에 따르면, 바빌로니아 사람들은 BC 5000년경에 대추야자로 빚은 술을 발효시켜 식초를 만들었다고 전해진다. 구약성서의 '모세 5경'에도 '강한 술식초와 와인식초'에 대한 기록이 있다. 그리스의 역사가 헤로도토스(BC 484~424)와 철학자 아리스토텔레스(BC 384~322)도 식초에 대한 기록을 남겼으며, 의학의 아버지라 불리는 그리스의 히포크라테스(BC 450~375)는 상처를 소독하는 데 식초를 사용했다고 한다. 로마제국시대에는 클레오파트라를 비롯하여 많은 귀족이 건강과 미용을 위해 식초를 즐겨 마셨다는 얘기가 전해지고 있다. 중국에는 주周나라(BC 1000년경)에 혜인醯人이라는 관직이 있었는데, 혜醯는 초醋를 의미하는 것으로 식초 관련 일을 담당했던 것으로 보인다. 중국 북위시대(386~534)에 발간된 『제민요술齊民要術』에는 조, 찹쌀, 기장, 보리, 콩, 팥, 술지게미 등을 원료로 하여 식초를 만드는 법이 기록되어 있다.

우리나라에서 식초가 언제부터 만들어졌는지는 분명하게 밝혀지지 않았으나, 이수광의 『지봉유설芝峯類說』에서 고대의 식초를 고주苦酒라 불렀던 것으로 미루어볼 때, 주류가 발달하면서 식초가 만들어졌을 것으로 추정된다. 『해동역사海東繹史』에는 고려시대에 식초를 음식의 조리에 사용했고, 의서인 『향약구급방鄕藥救急方』에는 식초를 부스럼이나 중풍의 치료에 이용했다는 기록이 있다. 당시에는 곡류식초(쌀, 밀)와 과실식초(매실, 감)가 주로 만들어졌으며, 조선시대 세종대왕 전후기에 식초의 제조법이 민간에까지 널리 전파되었다.

## 3) 발효의 원리

초산발효는 초산균acetic acid bacteria에 의해 에탄올이 초산으로 산화되는 매우 호기적인 과정이다. 초산 이외에 미량으로 아세트알데히드acetaldehyde, 에틸아세테이트ethyl acetate와 아세토인acetoin이 생성된다.

초산발효는 화학적으로 2단계 반응에 의해 생성된다.

① 에탄올ethanol이 알코올탈수소효소alcohol dehydrogenase에 의해 산화되어 아세트알데히드acetaldehyde로 전환되고, 생성된 아세트알데히드는 수화되어 hydrated acetaldehyde로 된다.

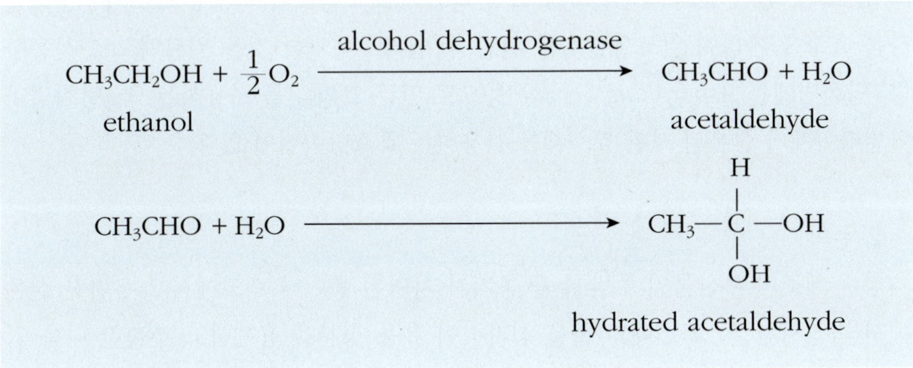


② hydrated acetaldehyde가 알데히드탈수소효소aldehyde dehydrogenase에 의해 탈수와 동시에 산화되어 초산이 생성된다.

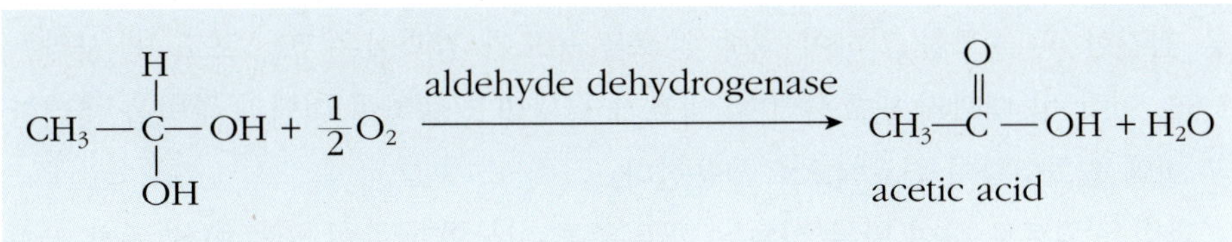


초산균에 의해 에탄올로부터 초산이 생성되는 일반식은 다음과 같다.

$$CH_3CH_2OH + O_2 \longrightarrow CH_3COOH + H_2O$$

ethanol(분자량 46) → acetic acid(분자량 60)

에탄올(분자량 46)에서 2 원자의 수소가 빠지고 1 원자의 산소가 대신 들어가 초산(분자량 60)이 생성되었으므로, 이론적으로 1g의 알코올은 1.304g의 초산을 만들어낸다. 하지만 산업현장에서 실제 생성되는 초산의 수율은 이론치의 85~90% 범위이다.

## 4) 사용재료 및 균주

### (1) 사용재료

#### ① 전분질

쌀, 보리, 현미 등의 전분질 원료를 당화하여 포도당이나 맥아당으로 가수분해한 다음 효모를 가하여 알코올발효를 시킨 후 압착 · 여과한 것을 원료액으로 사용한다. 당화법에는 *Aspergillus oryzae* 등으로 만든 코지koji를 사용하는 국麴당화법과 아밀라아제가 함유된 시판 효소제를 사용하는 효소당화법이 있다.

#### ② 주박

청주 제조의 부산물인 주박酒粕을 공기가 차단된 통이나 탱크에서 2~3년간 실온에서 숙성시킨 후, 2~3배의 물을 첨가하여 유용 성분을 용해하고 추출한 다음 압착 · 여과하여 주정과 혼합한 것을 원료액으로 사용한다.

#### ③ 과실

선별된 과일을 냉각수로 세척한 후 파쇄기로 균일하게 파쇄한다. 필요에 따라 당을 첨가한 후 효모를 가하여 최종 알코올 농도가 감과실은 7%, 포도 및 사과는 5.5% 이상 될 때까지 발효시키며, 발효가 끝나면 착즙하여 여액과 주박을 분리한 후 여액을 회수하여 원료액으로 사용한다.

과실을 원료로 하여 만든 식초는 한두 종류 이상의 과즙이 30% 이상 들어 있어야 한다. 과일이 한 가지만 들어 있으면 사과식초, 포도식초 등으로 표시할 수 있으며 두 가지 이상 들어 있으면 과일식초로 표시한다.

## (2) 사용균주

### ① 초산균

초산균이란 에탄올을 산화하여 초산을 생성하는 세균으로 그람음성의 호기성 간균이다. 초산균은 *Acetobacteriaceae*과의 *Acetobacter*속과 *Gluconobacter*속으로 분류된다.

*Acetobacter*속에 속하는 *A. aceti*, *A. pastorianus*, *A. pomorum*, *A. hansenii*, *A. xylinum*, *A. europaeus*, *A. oboediens*, *A. intermedius*, *A. polyoxogenes* 등은 초산발효능이 강해 식초 제조에 이용되고 있다. *Acetobacter*속 중에서 식초용액의 표면에 셀룰로스cellulose로 된 점성물질을 심하게 형성하는 *A. xylinum*과 생성된 식초를 다시 이산화탄소로 산화시키는 몇 가지 종류를 제외하고는 대부분의 *Acetobacter*속 균주가 식초의 제조에 이용될 수 있다. 그중 내산성과 내열성을 갖고 있는 *A. aceti*가 상업적인 식초의 생산에 널리 이용된다. 최근에는 셀룰로스 생산능력이 결핍된 *A. xylinum* 균주를 사용하여 산도 5~10%의 식초 제조에 이용하기도 한다. *A. polyoxogenes*는 산업적으로 매우 유용한 초산균으로 20% 이상의 초산을 생산하는 능력을 지니고 있어 산도 10~20%의 고산도 식초의 제조에 이용되고 있다.

### ② 종초

초산발효에는 좋은 초산균을 다량으로 배양한 종초가 필요하다. 종초로 사용되는 초산균을 선택하는 일반적인 조건은 다음과 같다.

- 초산의 생성속도가 빠르고 생성량이 많아야 한다.
- 생성된 초산을 다시 산화시키지 않아야 한다.
- 알코올에 대한 내성이 강해야 한다.
- 초산 이외에 유기산류나 향기 성분으로 에스테르류를 생산하는 것이 좋다.
- 잘 변성되지 않는 균으로 균체의 제거가 용이해야 한다.

매회 종초를 만드는 것은 번거로우므로 발효 경과를 거친 초덧의 일부를 종초로 사용하는 것이 일반적이며, 발효액 표면에 형성된 균막만을 이식하는 방법도 있다.

## 5) 제조방법

식초는 그림 6-1 과 같은 원리로 만들어지며, 일반적인 식초의 제조방법은 그림 6-2 와 같다.

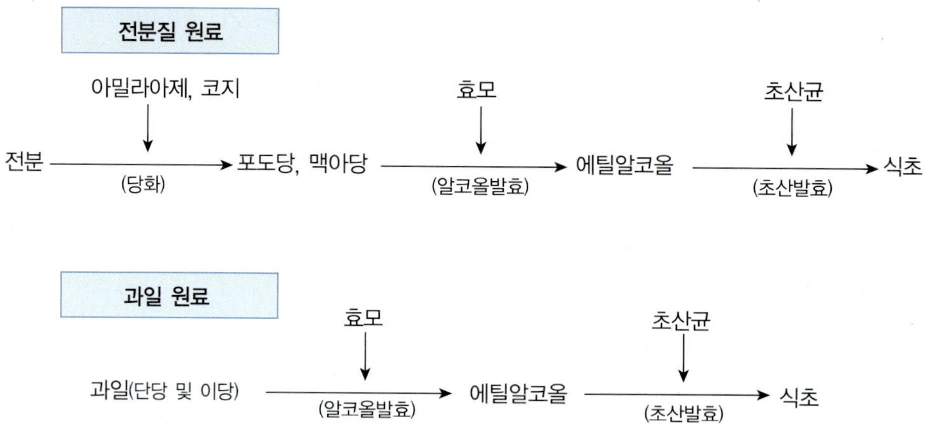


그림 6-1 | 식초의 제조 원리

### (1) 양조법

산업적인 식초의 제조방법으로 ① 정치된 액의 표면에 초산균막을 형성시켜 알코올을 기질로 식초를 만드는 정치법, ② 발효탑에 초산균을 고정시키고 알코올을 탑 위에서 살포하는 속양법, ③ 초산균과 알코올의 혼합액을 통기 교반하여 식초를 만드는 심부배양법이 있다.

① 정치법 Orleans process

정치법은 표면발효법이라고도 하며 예로부터 식초 제조에 이용된 배양방식으로 조작이 단순한 장점이 있다. 식초 제조에 사용되는 담금 용기는 나무통 또는 합성수지로 가공한 용기이다.

오를레앙법 Orleans process 또는 프렌치법 French process 으로 알려진 프랑스 포도주 식초 wine vinegar 의 제조법은 나무통(용량 약 200L)을 이용한 정치법이다 그림 6-3 . 종초를 용량 200L의 담금 용기에 1/3 정도 넣고 매주 10~15L의 포도주 원료액을 4

주 동안 첨가한다. 공기는 나무통 윗부분에 위치한 세 곳의 구멍을 통하여 내부로 공급된다. 초산균은 발효 초기에 술덧의 표면에 엷은 균막을 형성하며 후에는 초모mother of vinegar라 불리는 젤라틴gelatin 형태의 두꺼운 피막을 형성한다. 발효 개시 후 약 5주째가 되면 액량이 담금 용기의 1/2 정도가 된다. 이때 통의 중간에 있는 구멍을 통해 10~15L의 액을 빼내고 다시 동량의 포도주 원료액을 첨가한다. 이 조작을 반복함으로써 포도주식초를 제조한다.

일반적으로 정치법은 설비가 비교적 간단하고 소규모 생산에 용이하지만 발효기간 동안에 온도, 습도 및 통기량을 조절할 수 없기 때문에 발효기간이 길고 최종산도는 낮은 단점이 있다. 그러나 정치법을 이용하면 향미가 진한 양질의 식초를 얻을 수 있는 장점이 있다.

**그림 6-3** | 오를레앙법에 사용되는 나무통

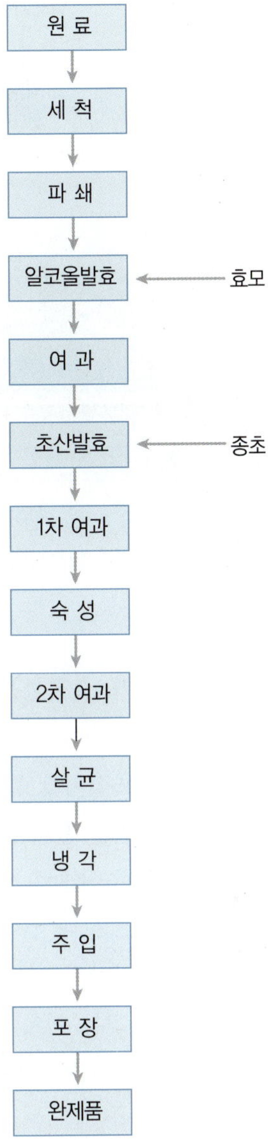


**그림 6-2** | 식초의 제조 방법

② 속양법quick vinegar process

독일에서는 1932년에 프링스Frings에 의해 제작된 발효탑generator을 사용하여 식초를 제조하였으며, 이 방법을 속양법이라고 부른다.

원통형의 프링스 발효탑Frings generator은 세 부분으로 나뉘어 있다 그림 6-4.

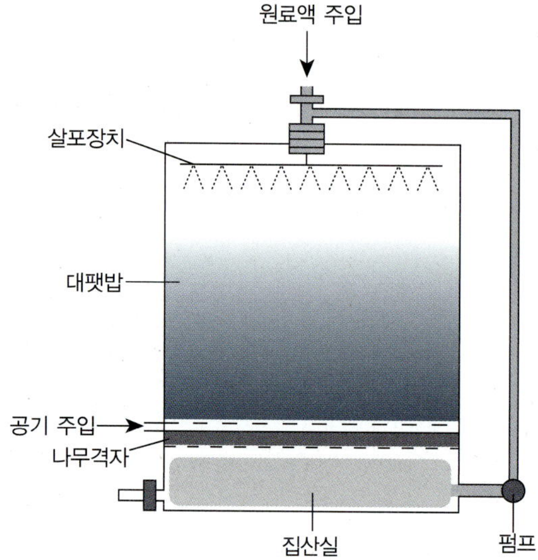


그림 6-4 | 프링스 발효탑의 구조

- 발효탑 아랫부분에는 나무격자로 된 깔판이 있고 그 아래에 식초를 모으는 역할을 하는 집산실이 있다.
- 나무격자 위로 너도밤나무 대팻밥이 탱크의 상부까지 느슨하게 채워져 있다.
- 발효탑 윗부분은 회전 살포장치가 설치되어 있어 원료액이 공급되면 자동적으로 회전하면서 원료액을 살포하게 되어 있다.

종초나 순수배양을 한 초산균을 대팻밥으로 채워진 충전물에 균일하게 접종하면, 초산균이 고정되어 엷은 막으로 성장하게 되며, 충전물은 초산균이 안착할 수 있는 매우 큰 표면적을 제공한다.

약 10~12%의 알코올이 함유되어 있는 원료액을 발효탑의 상부에 위치한 회전 살포장치를 통해서 충전물의 위에 균일하게 살포한다. 알코올 원료액이 충전물의 표면을 흘러내리는 동안 공기와 접촉하면서 충전물에 고정되어 있는 초산균에 의해 초산으로 산화되어 집산실에 모이게 된다. 집산실의 액은 펌프에 의해 다시 탑 위로 보내지며, 적당한 산도의 초산을 얻을 때까지 순환을 반복한다.

일반적으로 알코올 10%, 산도 1%의 원료액을 8~10일 발효하면 약 10%의 산도를 갖는 식초가 만들어진다. 속양법은 주정식초를 비롯하여 과실식초와 맥아식초 등의 제조에 이용되고 있다.

③ 심부배양법 submerged aeration process

발효조의 구석구석까지 공기를 충분히 공급함으로써 산화효율과 초산균의 활성을 높이도록 개발된 통기 교반 배양방식으로, 독일 프링스가 고안한 발효장치 acetator가 사용된다. 프링스 발효장치는 아래쪽에 고속의 교반기가 있고 통기, 온도 제어, 소포, 냉각 기능을 갖고 있다 그림 6-5.

통기 교반 발효장치에 알코올 원료액과 종초의 혼합물을 넣고 교반기를 이용하여 강하게 교반하는 동시에 통기장치를 통하여 유입되는 공기를 미세한 거품으로

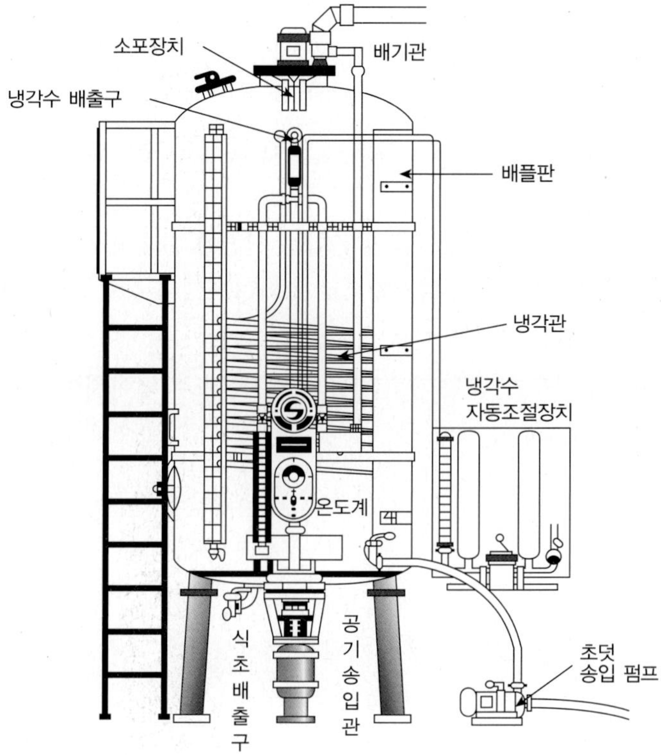


그림 6-5 | 프링스 발효장치의 구조

분산시켜 초산균과 섞이도록 함으로써 알코올을 신속하게 초산으로 산화시키는 방법이다. 식초의 대량생산이 용이하고 발효시간이 짧으며 최종산도가 높아 현재 산업적으로 가장 많이 이용되고 있다.

종초는 일반적으로 파일럿 플랜트pilot plant를 이용하여 준비한다. 초산균의 발효에 적당한 온도는 30℃로, 발효조의 냉각장치에 의해 발효과정 중 발생하는 열을 제거하여 배양온도를 조절한다. 발효액의 알코올 농도가 0.05~0.3%(v/v)로 떨어지면 발효액의 35~40% 정도를 회수하고 새로운 배지로 교체하여 다시 발효시킨다.

심부배양법을 이용해 12% 초산을 생성하는 데 약 35시간이 소요되며, 속양법에 비해 약 10배 정도 빠르게 식초를 생산할 수 있다. 하지만 심부배양법으로 만든 제품은 속양법에 의해 제조된 식초에 비해 많이 혼탁해서 여과가 어려운 단점이 있다.

심부배양에 의한 식초 제조는 다음과 같은 특징이 있다

- 초산균은 배지에 녹아 있는 용존 산소와 에탄올 농도에 매우 민감하기 때문에 산소 공급이 중단되거나 에탄올이 고갈되면 빠르게 사멸한다.
- 초산균의 산소요구량은 추정된 양보다 훨씬 많기 때문에 발효과정 중 통기를 충분히 해주어야 한다.
- 정치법과 속양법의 경우 알코올의 산화는 시간에 비례해 직선적으로 증가하나, 심부배양법에서는 지수함수적으로 증가하므로 동량의 알코올을 매우 빠르게 초산으로 산화시킨다.
- 알코올 농도와 산도가 높을 경우 발효의 최적온도는 낮아지며 초산균의 활성이 저하된다.

### (2) 숙성

발효가 완료된 발효액을 침전 탱크에 넣어 48시간 침전시킨 후 여액을 숙성탱크로 이송하여 5~10° C의 저온에서 2~3개월간 숙성시킨다. 숙성기간 동안 초산 특유의 자극취가 제거되고 맛과 향이 원숙해진다.

### (3) 여과

숙성이 완료된 여액을 규조토 또는 제올라이트zeolite 같은 여과조제를 이용해 압착여과기filter press로 여과한다.

### (4) 살균

산업적인 살균은 연속살균장치인 판형열교환기를 이용하여 75~80° C에서 30~40초 동안 저온살균을 하며, 살균된 여액은 20℃로 냉각한다.

### (5) 주입 및 포장

살균 · 냉각된 여액을 미세여과기microfilter로 최종 여과하고 세척된 용기에 주입한 후 포장하여 완제품으로 출하한다.

## 6) 주요 양조식초 및 식초음료

### (1) 사과식초

사과식초cider vinegar는 사과즙을 발효하여 만든다. 원료사과를 냉각수로 잘 세척한 후 파쇄하고 최종 알코올 농도가 5.5% 이상 될 때까지 알코올발효를 한다. 알코올발효가 끝나면 속양법 또는 심부배양법을 이용하여 식초를 제조한다. 사과식초는 우리나라에서 시판되는 양조식초 중 가장 높은 시장 점유율을 가지고 있다. 발효된 사과식초는 사과 향과 맛이 나며 사과에 들어 있는 사과산malic acid의 영향으로 산뜻한 맛을 낸다. 사과식초는 특히 다이어트에 효과가 있다고 알려졌다. 식초를 장기간 저장하면 사과에 있는 탄닌tannin과 철이 반응하여 검은색을 띠게 되어 식초의 투명도가 저하될 수 있다.

### (2) 맥아식초

맥아식초malt vinegar는 보리와 엿기름을 원료로 하므로 영국을 비롯하여 맥주 명산지가 많은 북부유럽에서 많이 제조되고 있다. 보리를 발아시켜 엿기름을 만들고 당화한 후 효모로 알코올발효를 한다. 발효된 술이 초산발효의 원료로 사용되며 초산균 종초를 가하여 발효시킴으로써 맥아식초를 제조한다. 맥아식초는 아미노산이 풍부하고 감칠맛이 나는 특성이 있다.

### (3) 감식초

감식초persimmon vinegar는 땡감을 원료로 하여 제조한 식초로 탄닌과 비타민 C가 풍부하다. 감즙을 100% 사용해서 발효술덧의 최종 알코올 농도가 7% 정도 될 때까지 알코올발효를 한다. 알코올발효액을 착즙하여 여액과 주박을 분리한 후 여액으로 초산발효를 한다. 초산발효는 심부배양법에 의해 수행하고 최종 발효액의 총산도는 7% 정도가 된다. 우리나라에서는 성인병에 좋다고 하여 감식초가 많이 제조되고 있다.

### (4) 포도주식초

포도주식초wine vinegar는 저급의 포도주로 초산발효를 시켜 제조하는데, 포도에 들어 있는 주석산tartaric acid의 영향으로 약간 떫은맛과 쓴맛이 난다. 원료 포도주의 색에 따라 무색투명한 백초white wine vinegar와 빨간색의 적초red wine vinegar로 구분된다. 초산발효의 방법은 프랑스 오를레앙 지방에서 발달된 오를레앙법Orleans process이 널리 사용된다. 하지만 대량생산을 위해서는 심부배양법이 주로 이용되는데, 이는 오를레앙법은 발효기간이 길기 때문에 식초의 대량생산에 적합하지 않기 때문이다.

### (5) 주정식초

각종 전분과 당밀 등을 당화하고 효모를 첨가하여 알코올발효 시켜 주정을 얻는다. 주정을 증류 정제한 것을 원료로 사용하며 초산균 종초를 가하여 초산발효 시킴으로써 주정식초를 제조한다. 주정식초는 독일에서 최초로 산업화하였으며 현재 세계 여러 나라에서 대량 생산되고 있다. 우리나라에서도 다량의 주정이 식초 원료로 소비되고 있으며 화이트식초라는 제품으로 판매되고 있다.

### (6) 식초음료(버몬트 음료)

식초가 갖는 다양한 효능이 과학적으로 규명되면서 식초의 소비량이 점차 증가하고 품질도 고급화되고 있으며, 천연 과실을 원료로 발효시킨 다양한 식초음료가 생산되고 있다. 식초음료는 꿀과 사과식초의 장기간 섭취에 의해 장수마을로 유명해진 미국 버몬트Vermont 지역의 지명에서 유래되었다. 식초음료로는 꿀, 과즙, 비타민향 등을 첨가하여 쉽게 음용할 수 있도록 만든 제품과 물에 희석하여 마시는 농축 음료가 있다.

## 7) 식초의 성분

양조식초의 일반성분 예를 **표 6-1** 에 나타내었다.

양조식초에는 주성분인 초산을 비롯하여 미량의 유기산, 아미노산, 당류, 염류 등이 함유되어 있다. 식초의 맛을 결정하는 데 초산 함량이 중요하며 각종 유기산, 아미노산, 당류, 염류 등도 맛에 영향을 끼친다.

초산acetic acid 이외의 유기산으로는 lactic, malic, tartaric, fumaric, succinic,

**표 6-1** | 각종 식초의 성분(%)

| 성분 | 쌀식초 | 주박식초 | 주정식초 | 맥아식초 | 사과식초 | 포도주식초 |
|---|---|---|---|---|---|---|
| 비중 | 1.018 | 1.014 | 1.010 | 1.060 | 1.021 | 1.014 |
| 총산 | 4.590 | 4.530 | 4.230 | 4.800 | 5.070 | 4.500 |
| 휘발산 | 4.298 | 4.302 | 4.294 | 4.777 | 4.977 | 4.439 |
| 불휘발산 | 0.437 | 0.342 | 0.054 | 0.034 | 0.140 | 0.092 |
| 전질소 | 0.022 | 0.021 | 0.008 | 0.044 | 0.031 | 0.010 |
| 아미노태질소 | 0.014 | 0.012 | 0.005 | 0.019 | 0.005 | 0.007 |
| 총당 | 2.028 | 1.385 | 0.525 | 0.192 | 3.032 | 0.170 |
| 환원당 | 1.721 | 1.278 | 0.492 | 0.337 | 2.993 | 0.124 |
| 염분 | 0.111 | 0.120 | 0.103 | 0.114 | 0.059 | 0.064 |

출처 : 안용근(2005), 식초의 건강과 과학

citric, gluconic, α-ketoglutaric, pyroglutamic acid 등이 존재한다. 쌀식초에는 lactic acid와 succinic acid, 포도주식초에는 tartaric acid, 사과식초에는 malic acid, 주박식초에는 pyroglutamic acid가 다른 유기산에 비해 많이 함유되어 있다.

당류로는 포도당glucose이 가장 많고 과당fructose, 설탕sucrose, 맥아당maltose의 순으로 함유되어 있다. 이 외에도 ribose와 mannose를 비롯하여 미량의 arabinose, xylose, galactose, raffinose, cellobiose, sorbitol, dextrin 등이 검출된다.

아미노산은 원료에 들어 있는 단백질이 코지의 단배질분해효소 작용에 의해 분해되어 생성되며, 식초에는 20여 종의 유리아미노산이 함유되어 있다. 아미노산은 그 종류에 따라 맛에 영향을 주는데 그중 글루탐산glutamic acid은 조리 시 음식의 맛을 더욱 향상시킨다. 은은한 단맛도 아미노산의 작용에 의한 것으로 전체 맛을 부드럽게 하여 감칠맛을 준다. 아미노산은 단백질 함량이 높은 쌀식초, 현미식초, 곡물식초에 많으며 사과식초나 포도식초 같은 과일식초에는 소량이 들어 있다.

식초의 품질에 중요한 영향을 미치는 향기 성분은 주성분인 초산 이외에 각종 유기산과 방향성 물질로 이들은 알코올발효와 초산발효 과정에서 생성되기도 하지만 주로 원료인 쌀, 보리, 주박 및 각종 과즙에 함유된 것으로 식초에 고유한 향을 부여한다. 양조식초의 공통적인 향기성분은 초산 이외에 ethanol, acetaldehyde, ethyl acetate, acetoin, furfural, octyl alcohol, 2,3-butylene glycol 등이 있다.

## 8) 식초의 기능성

식초에는 초산뿐 아니라 소량이지만 구연산을 비롯한 여러 유기산류가 함유되어 있어 이들이 상호보완적인 기능을 발휘한다.

### (1) 살균작용

식초의 주성분은 초산으로 pH를 낮춰 장내에서 유해한 세균의 번식을 억제하여 장의 염증과 이상발효를 막는 작용을 한다. 식초는 다른 유기산에 비해 식중독균을 포함한 세균류에 대한 항균 기능이 매우 강하여 옛날부터 식품을 보존하기 위한 수단으로 이용되어 왔다.

### (2) 피로회복

에너지 생성을 위한 대사과정인 TCA회로(구연산 회로)가 원활하게 이루어지지 않으면 체내에 피로물질인 젖산이 쌓이게 된다. 이 젖산이 체내에 많이 축적되면 피로를 더하여 노화를 빨리 진행시키고 관절통이나 요통을 일으킨다. 식초에 많이 들어있는 구연산은 젖산의 배출을 돕고 TCA회로가 정상적으로 원활히 작동되게 하여 피로를 해소시키는 작용을 한다.

### (3) 칼슘의 흡수 촉진작용

체액이 산성으로 기울면 인체는 그것을 중화시키려고 하는데 이때 필요한 물질이 칼슘이다. 칼슘은 장에서 흡수되기 어려운 성질이 있으나 식초의 구연산과 결합하면 장에서의 흡수율이 높아진다.

### (4) 음식물의 소화촉진 및 변비해소

식초의 신맛은 침샘을 자극해 타액 분비를 촉진하며, 위액 분비를 증가시키고 위액의 기능을 대신하기도 하는 등 음식물의 소화 · 흡수를 돕는 작용을 하며, 장의 연동운동을 원활하게 해주어 변비해소에 도움을 준다.

### (5) 성인병 예방

당분 섭취 시 혈당치의 급격한 상승을 억제하여 당뇨병을 예방하는 효과가 있다. 식초에 함유되어 있는 유기산은 과도하게 축적되어 있는 나트륨의 배출을 원활하게 하여 혈압을 낮춘다. 또한 스트레스는 고혈압의 한 원인인데, 초산은 부신피질 호르몬의 분비를 높여 스트레스를 해소시키는 작용을 한다. 그 외에 지방의 분해를 촉진함으로써 지방이 체내에 축적되는 것을 방지하며 콜레스테롤을 제거하는 효과를 나타낸다.

## 2. 구연산

구연산citric acid은 약산성의 유기산으로 감귤류와 파인애플을 비롯하여 여러 과실 속에 상당량이 함유되어 있다. 특히 레몬과 라임 같은 감귤류에 고농도로 들어 있으며 건조 중량의 약 8% 함유되어 있다.

구연산은 구연산회로TCA cycle의 중요한 중간 대사산물로서 모든 생물체는 대사 과정에서 구연산을 만들어낸다. 구연산은 천연보존제로 식품산업에서 음식이나 음료에 신맛 또는 산성을 첨가할 때 사용되며 특히 청량음료의 산미료acidulant 및 잼, 젤리 제조 시의 응고촉진제로 주로 이용되고 있다. 제약 및 합성수지 공업에도 다양하게 이용되며, 환경친화적인 양성 세정제environmentally benign cleaning agent로도 사용되는 등 그 용도가 매우 다양하다.

### 1) 기원

중세의 사람들은 이미 레몬과 라임 주스가 산성의 특성을 갖는다는 것을 알고 있었으며 이러한 지식은 13세기 『거대한 거울』이라는 백과사전에 수록되어 있었다.

1784년 스웨덴의 화학자인 셸레Scheele가 레몬즙에서 구연산을 최초로 분리하였으며, 1890년 이탈리아에서 산업적으로 감귤로부터 구연산을 생산하기 시작하였다. 1893년 웨머Wehmer가 구연산이 *Penicillium*속 곰팡이에 의해 생성된다는 것을 발견하고 최초로 미생물을 이용하여 식초를 제조했으나, 제1차 세계대전 때 이탈리아의 감귤 수출이 막혀 당시에는 산업적으로 크게 주목받지 못하였다. 1917년 미국의 화학자인 커리Currie가 *Aspergillus niger* 균주가 구연산 생산에 효과적이라는 사실을 발견하고 1919년 파이자Pfizer 제약회사에서 이 균주를 이용하여 산업적인 규모로 구연산을 대량 생산하였으며, 이 생산기술이 현재까지 구연산 생산의 주요 방식으로 전해지고 있다.

## 2) 발효의 원리

미생물에 의해 포도당으로부터 구연산이 생성되는 과정은 다음과 같다.

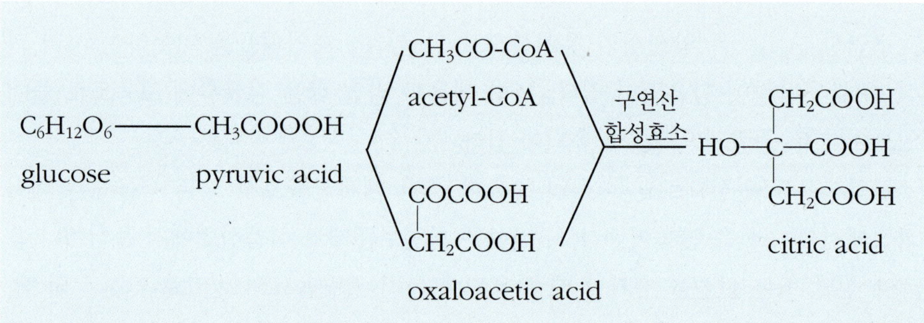


미생물에 의한 구연산 생산은 당으로부터 EMP와 HMP 경로를 통해 형성된 acetyl-CoA와 oxaloacetic acid의 축합반응에 의해 TCA회로에서 생성된다. TCA 회로의 중간 대사산물인 구연산은 정상적인 대사과정에서는 대량으로 축적되지 않기 때문에 배양조건을 변화시켜 구연산 생합성에 적합한 대사로 유도해야 한다.

- EMP경로에서 대사과정을 조절하는 중요한 효소인 phosphofructokinase는 일정량 이상의 citric acid와 ATP가 존재하면 저해받아 중간 대사산물로 구연산이 축적되는 것을 억제한다. 따라서 구연산 발효 시 배지 중 망간Mn이온의 농도를 미생물 생육에 필요한 최소 농도로 제한하고, 통기를 증가시켜 산소공급을 원활히 해줌으로써 phosphofructokinase에 의한 저해작용을 줄일 수

있다.

- 구연산을 생산하는 *Aspergillus niger* 균주의 경우 TCA회로에서 구연산의 대사에 필요한 효소인 isocitrate dehydrogenase의 활성이 낮은 반면 구연산 합성효소인 citrate synthase의 활성이 높은 특징이 있다. 따라서 TCA회로를 통하여 구연산이 대사되는 것을 억제하면서 많은 양의 구연산을 축적할 수 있다.



## 3) 사용재료 및 균주

### (1) 사용재료

구연산의 산업적인 제조 원료로는 당밀과 전분질이 주로 이용된다.

### (2) 사용균주

많은 미생물 균주가 1차 대사산물로 구연산을 생산하지만 산업적인 구연산의 제조에는 일반적으로 곰팡이가 이용되고 있다. 구연산을 생산하는 대표적인 곰팡이로는 *Aspergillus niger*, *A. awamori*, *A. saitoi*, *Penicillium janthimellum* 등이 있으며, 현재까지 산업적으로 가장 널리 이용되고 있는 균주는 *A. niger*이다. *Candida lipolytica*와 같은 일부 효모 균주의 경우 탄화수소인 n-paraffin을 이용하여 구연산을 생성할 수 있다.

## 4) 제조방법

공업적으로 구연산은 당밀을 원료로 하여 제조되며 배지 중의 당 농도를 10~15%로 조정하여 사용한다. 인, 철, 망간, 아연의 농도가 정상 생육보다 낮을 때 구연산이 축적되며, 액체배양에서 통기를 증가시켜 산소를 원활히 공급해 주면 구연산의 축적을 늘릴 수 있다. 또한 발효에서 중요한 것은 낮은 pH의 유지이며, pH 3 이하가 되어야 구연산이 생성된다. pH 3 이상일 때는 oxalic acid, gluconic acid 등의 유기산이 생성된다.

산업적인 구연산의 생산에는 발효조를 이용하여 곰팡이를 통기 배양시키는 심부 배양법이 주로 이용된다. 10~15%의 당밀에 무기 영양원을 소량 첨가하고 배양액의 pH를 2~3으로 조절한 다음 무균 공기를 통기하면서 발효시킨다. *Aspergillus niger*를 사용하는 경우 온도 26~30°C에서 약 10일 동안의 배양으로 수율 70~80%의 구연산이 얻어진다. 배양액에서 생성된 구연산을 회수하기 위하여 발효액에서 균체를 제거하고 탄산칼슘을 가하여 구연산칼슘calcium citrate tetrahydrate으로 침전시킨다. 침전물을 분리한 다음 황산 용액으로 처리하여 칼슘을 제거하고 구연산 용액을 농축 · 결정화시켜 제품화한다.

### 5) 기능성

TCA회로(구연산회로)가 원활하게 이루어지지 않을 때는 체내에 피로물질인 젖산이 쌓이게 되는데, 구연산은 젖산의 배출을 도우며 TCA회로가 정상적으로 원활히 작동되게 하여 피로를 해소시키는 작용을 한다. 또한 위액의 분비를 촉진해 소화 · 흡수를 돕고, 장의 연동운동을 원활하게 해 변비 해소에도 도움을 준다.

## 3. 젖산

젖산(유산)은 식품에서 청량음료나 인공과즙의 산미료 또는 방부제로 사용되며, 양조용 젖산으로서 청주의 제조에도 이용된다. 이 외에도 염료업, 세탁업, 의약산업 등에서 여러 용도로 이용되고 있다.

젖산은 입체구조에 따라서 D(−)젖산과 L(+)젖산 두 종류의 광학이성체를 갖는다. 동물근육에서 생성되는 젖산은 L(+)젖산에 속하며, 젖산균(유산균)은 종류에 따라 D(−)젖산 또는 L(+)젖산을 생성한다.

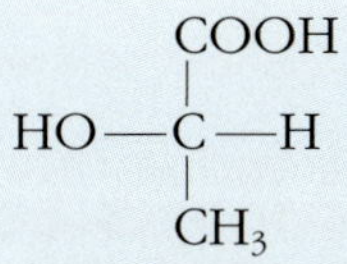

L(+) Lactic acid

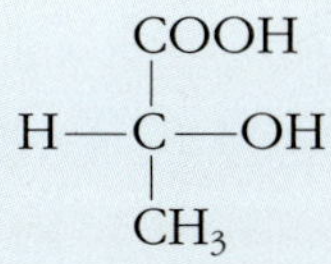

D(−) Lactic acid

### 1) 기원

젖산은 1780년 스웨덴 화학자 셸레에 의해 sour milk에서 처음으로 분리되었으며, 젖산의 생성이 미생물의 발효작용에 기인한다고 판명된 것은 1852년 파스퇴르가 유산균을 발견한 이후이다. 젖산은 1881년 에이버리Avery에 의해 최초로 산업적으로 생산되었다.

### 2) 발효의 원리

젖산발효는 유산균(또는 젖산균)의 종류에 따라서 포도당이 젖산으로만 발효되는 정상유산발효와 포도당이 젖산, 에탄올, 이산화탄소, 초산 등으로 발효되는 이상유산발효로 나눌 수 있다(그림 5-1 참조). *Leuconostoc*, *Oenococcus*, *Weissella*, *Carnobacterium* 및 일부 *Lactobacillus*속 유산균은 이상유산발효를 한다. 정상유산발효균으로는 *Lactococccus*, *Streptococcus*, *Pediococcus* 및 *Lactobacillus* 속 유산균 등이 있다. 정상유산발효균은 당을 기질로 하여 오직 젖산만을 생산하기 때문에 공업적인 젖산의 제조에 주로 이용되고 있다.

## 3) 사용재료 및 균주

### (1) 사용재료

젖산발효의 원료로는 포도당, 우유, 유청, 녹말 등이 사용된다. 당질 원료는 그대로 사용할 수 있으나, 전분질 원료(옥수수, 감자, 고구마)는 당화하여 발효기질로 사용한다. 포도당 및 전분 당화액을 기질로 사용할 경우 포도당 발효성의 *Lactobacillus delbrueckii* subsp. *delbrueckii*를 종균으로 이용하며, 우유와 유청의 경우에는 유당 발효성의 *L. delbrueckii* subsp. *bulgaricus* 또는 *L. casei*를 이용한다. 유산균은 생육을 위해 다양한 영양물질을 요구하는 영양요구성 균으로 배지에 쌀겨, 밀기울, 맥아근 등의 유기태질소와 비타민 등을 부원료로 첨가하여 생육을 촉진한다.

### (2) 사용균주

여러 종류의 미생물이 젖산을 생성할 수 있는 능력을 갖고 있으나 공업적으로 이용되는 미생물은 유산균과 *Rhizopus*속의 일부 곰팡이로 한정되어 있다.

#### ① 유산균

유산균은 포자를 형성하지 않으며, 카탈라아제catalase 음성이고, 산에 대해 내성을 가지며, 당발효의 산물로 젖산을 생성하는 그람양성의 간균이나 구균인 통성혐기성 세균이다.

산업적으로 젖산의 생산에 유용한 균주는 그람양성이며 정상발효를 하는 유산균이다. 정상유산발효균은 당을 기질로 하여 오직 젖산만을 생산하기 때문에 젖산을 대량 생산하는 데 유리하며 *Lactobacillus*, *Streptococcus*, *Pediococcus*속 등이 여기에 속한다. 발효 시 잡균의 오염을 방지하기 위하여 고온성 균주를 실용 균주로 사용하는데, 고온성 간균인 *L. delbrueckii* subsp. *delbrueckii*와 *L. delbrueckii* subsp. *bulgaricus*가 현재 산업적인 젖산의 생산에 가장 널리 이용되고 있다.

#### ② 곰팡이

*Rhizopus*속에 의한 발효의 특징은 L(+)젖산만을 생성하며 젖산 생성에 이용되

는 대표적인 균주로는 *Rhizopus oryzae*가 있다.

### 4) 제조방법

배지 중의 당 농도를 10~15%로 조정하고 균주를 접종하여, pH는 5.5~6.5, 온도는 45~50℃에서 4~7일간 발효시킨다. 균주의 접종 비율은 발효액의 약 5%이며, 발효 중 생성된 산을 탄산칼슘 $CaCO_3$ 또는 수산화칼슘 $Ca(OH)_2$을 첨가하여 중화시켜 발효액의 pH를 5.5~6.5로 유지하도록 한다. 발효액을 중화시키지 않으면 생성된 젖산에 의해 고산도가 되어 유산균의 생육이 저해되므로 발효가 정상적으로 진행되지 않는다. 생성된 젖산은 젖산칼슘의 형태로 고정이 되는데, 발효가 끝나면 젖산칼슘을 회수한 후 황산으로 처리하여 젖산을 얻게 된다. 젖산의 수득률은 소비당의 80~90%이다.

### 5) 기능성

젖산은 장내의 pH를 저하시켜 유해한 세균의 증식을 억제하여 장 기능을 좋게 한다. 또한 장의 연동운동을 원활하게 하여 소화흡수를 촉진하고 변비와 설사를 예방하는 것으로 알려졌다.

# 음료류

Chapter 7

1. 음료의 정의
2. 음료의 기원
3. 발효의 원리
4. 기능성
5. 발효음료의 종류

# 7

# FERMENTED FOOD

## 1. 음료의 정의

음료류라 하며 일반적으로 음청류飮淸類라고도 하는데 술 이외의 기호성 음료의 총칭해서 일컫는 말이다. 우리나라의 생수는 워낙 자연환경이 좋아 생수가 아니라 약수라는 표현할 만큼 그 자체로도 음료가 될 수 있을 만큼 질 좋은 물이다. 우리 조상은 질 좋은 생수에 다양한 약재, 열매, 씨앗, 꽃과 잎, 과일 등을 넣어 달이거나 재우거나 하여 음료로 애용했다.

한편 중국이나 일본은 풍토상 물이 좋지 않기 때문에 물 자체를 이용하기보다는 차나무를 재배하여 차를 중심으로 한 음료문화가 발달하였다. 삼국시대의 고구려 벽화를 보면 주인을 위해 시녀가 음료를 가져다 주는 장면이 있는 것으로 보아 탕 종류의 음료를 이용했던 것으로 추정된다.

우리나라에서는 차나무 잎으로 만든 것 이외에도 잎 · 열매 · 뿌리 · 과일 등의 재료로 발효시키거나 설탕이나 물에 재워서 식물 자체에나 공기 중에 존재하는 미생물의 작용을 통해 만들어진 것을 뜨거운 풀에 달여서 먹는 것도 차라고 칭했다. 발효로 만들어진 것을 찬물이나 백비탕에 타서 마시는 장漿, 설탕에 재워 우려낸 진액은 물에타 마시는 갈수渴水가 우리나라에서 발달한 발효음료라 할 수 있다.

## 2. 음료의 기원

우리나라의 음료가 대중화되기 시작한 시기는 2세기 말부터이며 신라시대에 이미 한국 고유의 차 마시기 풍속이 성행하였다.

우리나라의 음료에 대한 최초의 기록은 『삼국사기三國史記』에서 찾아볼 수 있다. 김유신 장군이 병사에게 집에 가서 장수漿水를 떠오라고 하여 그 장수 맛을 본 김유신이 "우리 집 물맛이 전과 다를 바 없으니 집안이 평안한 게로구나"라고 말한 기록이 있다. 여기서 언급된 장수는 곡물로 젖산발효를 시킨 뒤 맑은 물을 첨가하여 만든 매우 찬 음료로 짐작된다.

한편『삼국유사三國遺事』에 의하면 수로왕이 왕후를 맞이하면서 왕후를 모시고 온 신하와 노비들에게 '난초로 만든 마실 것과 혜초로 만든 술을 주었다'는 기록이 있는데, 난액은 난의 향을 이용한 음료이며 혜초는 좋은 향을 지닌 난초에 속하는 풀이다. 이 외에도 중국 본초학本草學 관련 서적에서 '신라에서는 박하잎을 말려 차로 마신다'와 '고구려에서 나는 오미자가 살도 많고 시고 달아 매우 질이 좋다'라고 기록된 것으로 보아, 이것이 중국에까지 알려졌으며 널리 음료로 이용되었다는 것을 알 수 있다.

고려시대는 우리나라의 차 문화가 전성기를 이룬 시기로, 그 전까지 귀족의 전유물이었던 음료가 서민에게도 일반화되었다. 이는 종교적으로 삼국시대에 전래되었던 불교가 활성화되면서 각종 불교행사에서 진다례進茶禮와 함께 다과상이 성행하면서 병과류와 음청류도 함께 발달한 계기가 된 것이다.

조선시대에 오면서 차의 생산량이 감소하면서 차나무만 이용하던 음다의 풍습이 다소 쇠퇴하였다. 이에 따라 감잎차, 구기자차, 모과차, 국화차 등 대용차가 적극 개발되고 약이성 효과가 있는 탕류나 향미성 음청류가 발달하게 되었다.

조선 중기에는 향약이성 재료를 이용한 음청류인 다양한 탕류로 사물탕, 쌍화탕, 제호탕 등의 보양음료가 발달하였다. 19세기 초의 문헌인『임원십육지林園十六志』에 보면 곡물을 젖산발효를 시키거나 향약이성 재료에 꿀이나 설탕 같은 감미료를 넣고 끓인 장漿, 한약재나 과일즙을 농축시켜 마시거나 여기에 두즙豆汁 또는 누룩 등을 넣고 물과 함께 달여 마시는 갈수渴水, 향약이성 재료를 끓여 마시거나 끓는 물에 향이 나는 재료를 넣어 밀봉하였다가 향이 우러난 뒤 마시는 숙수熟水, 주로 향약鄕藥을 끓여 마시는 탕湯, 차나무 잎으로 제조한 차茶 등이 있었다. 하지만 장, 갈수, 숙수 등은 지금은 거의 사라진 음료가 되었다.

## 3. 발효의 원리

### 1) 일반발효음료

일반발효음료는 밥이나 곡물을 젖산발효 시켜서 신맛을 내게 한 다음 여기에 다양한 향약이성 재료, 곡물가루, 채소류 등과 감미료인 꿀 · 설탕을 넣어 숙성시키거나 오래 저장시켜 만든 음료라 할 수 있다.

옛날에는 배양 효모를 이용하는 방법이 아닌, 상온 중에 각종 미생물의 성장에 의한 자연발효방법을 이용하여 음료를 만들었다. 자연발효에서 산과 가스의 생성에 주로 관여하는 세균은 *Leuconostoc mesenteroides*이다. 발효 후기에는 *Streptococcus faecalis*와 *Pediococcus cerevisiae*과 관여하는 것으로 보인다. 이러한 미생물 이외에도 다양한 식물에 존재하는 효소와, 곰팡이 · 효모에 의해서 만들어진 것들이 합해지면서 발효음료의 독특한 맛이 형성된다고 할 수 있다.

### 2) 차茶발효음료

차에는 다양한 성분이 함유되어 있는데, 그중에서 대표적인 성분이 떫은맛을 내는 폴리페놀polyphenol이다. 폴리페놀은 찻잎에 존재하는 산화효소의 작용으로 황색이나 홍색을 띠는 테아플라빈theaflavin이나 테아루비긴thearubigin으로 바뀌면서 수색과 맛, 향이 변화되는 발효의 과정을 거치게 된다.

녹차의 경우는 찻잎을 바로 솥에서 덖거나 증기로 찌면 산화효소가 파괴되어 녹색이 그대로 유지되기 때문에 불발효차라고 한다. 시들이기(위조)와 교반을 하여 찻잎 중의 폴리페놀 성분이 10~65% 정도 되게 발효시켜 만든 차를 반발효차라고 하며, 85% 이상 발효시켜 만든 차를 발효차라고 한다. 이 외에도 녹차의 제조법과 같이 만들어서 효소를 파괴시킨 뒤 찻잎을 퇴적시켜 공기 중 미생물의 번식을 통해 발효가 일어나게 만든 차를 후발효차라고 한다.

# 4 기능성

## 1) 일반발효음료

동양의 발효음료는 치즈나 요구르트와 같이 대부분 낙농제품을 이용한 서양의 발효음료와는 달리 병원성과 독성이 없다. 이에 따라 다음과 같은 기능성을 가지고 있다.

- 유당불내증 개선 및 소화 향상
- 장내 미생물 균형을 유지하여 장내 pH 감소와 장 기능 강화
- 콜레스테롤, 암모니아 및 기타 독소 성분 감소
- 비타민 B군의 생산 및 면역기능 향상
- 급성 설사 방지 및 치유효과

## 2) 차茶발효음료

차에 있는 카테킨catechin이 혈관 벽에서 콜레스테롤을 취하여 인체에 좋은 작용을 하는 HDL-콜레스테롤은 상승시키고 몸에 해로운 작용을 하는 LDL-콜레스테롤은 감소시키며 간장의 지질 축적을 억제하며 암의 세포 증식을 효과적으로 억제한다. 이 밖에도 다이어트, 피부미용, 노화억제, 알레르기 억제, 당뇨병 치료, 식중독 예방, 감기 예방, 스트레스 완화, 알코올과 독성물질에 대한 해독작용, 중금속 제거효과, 충치 예방에도 효과가 있다.

또한 차에 있는 카페인caffeine 성분은 혈액순환을 원활하게 하며, 기초대사속도를 10~20% 정도 증가시켜 다이어트에도 효과가 있으며 요소의 양을 감소시키고 신장의 이뇨작용을 촉진한다.

# 5. 발효음료의 종류

## 1) 우리나라의 일반발효음료

### (1) 장

밥이나 미음 등 곡물을 젖산발효 시켜 신맛을 내게 한 장수와 향약이성 재료나 곡물가루, 채소류 등을 감미료인 꿀이나 설탕에 넣어 숙성시키거나 오래 저장해 만든 음료를 말한다.

장漿은 『삼국사기』와 『삼국유사』에 장漿, 호장壺漿, 배장杯漿 등에 관한 내용이 있으며, 『고려도경高麗圖經』에도 기록되어 있다.

**표 7-1** | 장의 종류

| 명칭 | 재료 | 만드는 방법 |
|---|---|---|
| 장수漿水<br>(발효장) | 조밥, 물 | 메조 밥을 고슬고슬하게 지어 뜨거울 때 냉수를 붓고 밥알을 하나하나 풀어 항아리 속에 넣어 발효시켜 신맛이 나게 되면 차게 하여 마시는 음료(5~7일 숙성). |
| 모과장<br>(비발효장) | 모과, 꿀, 생강즙, 물 | 모과의 밑을 도려내고 그 속에 꿀을 넣고 시루에 쪄서 물러지며 꿀은 버리고 좋은 꿀 반 잔과 생강즙을 넣어 고루 섞은 다음 끓여 식힌 물을 넣어 발효시켜 차게 먹는 음료. |
| 유자장<br>(발효장) | 유자, 꿀 | 항아리에 설탕이나 꿀을 담고 손질한 유자를 잘게 썰어 넣어 두었다가 꿀이 변하여 기름처럼 되면 찌꺼기를 걸러 버리고 유자액을 물에 타서 마시는 음료. |
| 여지장<br>(발효장) | 계피, 정향, 오약, 축사인, 생강즙, 설탕 | 계피, 정향과 오약을 물에 넣고 달여서 즙을 취한 다음 축사인縮沙仁을 으깨서 끓여 즙을 낸 것과 생강즙을 서로 섞고 설탕을 넣어 만드는 음료. |
| 매장<br>(발효장) | 매실, 소금, 백두구, 백단향(또는 자단향), 물엿 | 잘 익은 매실을 푹 찐 뒤 씨를 제거하고 소금을 넣어 잘 저어서 한낮에 말린 뒤 짙은 홍색이 되면, 여기에 백두구와 백단향을 약간 넣고 엿이나 설탕으로 넣어 발효시킨 것을 찬물에 타서 만든 음료. |

### (2) 갈수

농축된 과일즙에 한약재를 가루 내어 혼합하여 숙성시켜 달이거나 한약재에 누룩 등을 넣어 꿀과 함께 숙성시켜 달여 마시는 음료를 말한다. 갈수는 약리효과를 겸한 음료수로서 『임원십육지』에서는 '갈수는 갈증이 심할 때 먹는 물을 말하며, 향이 있는 약이성 재료를 단 것에 담아 사용한 것이다' 라고 기록되어 있다.

**표 7-2 | 갈수의 종류**

| 명칭 | 재료 | 만드는 방법 |
|---|---|---|
| 어방갈수<br>御方渴水<br>(발효갈수) | 관계, 정향, 괴화, 백두구, 축사인, 누룩, 엿기름, 등화, 꿀, 물 | 재료가 복잡하여 매우 귀한 음료로 재료 중에서 꿀과 물을 제외하고는 곱게 가루를 넣어 꿀과 물을 넣어 졸인 다음 고운 천에 걸러주고 항아리에 넣고 여름엔 5일, 겨울엔 10일간 숙성시켜 먹는 음료. |
| 임금갈수<br>(비발효갈수) | 임금, 단말향, 정향 | 덜 익은 야생 능금나무 열매인 임금을 푹 찐 후 으깨어 즙을 낸 후에 약한 불에서 달여 진하게 졸인 후에 단말향과 정향을 넣고 저장해 두고 먹는 음료. |
| 포도갈수<br>(비발효갈수) | 생포도, 단향, 꿀 | 덜 익은 생포도를 찧고 거른 다음 즙을 약한 불로 끓여 졸여서 거기에 단향과 꿀을 넣고 저장해서 먹는 음료. |
| 모과갈수<br>(비발효갈수) | 모과육, 꿀, 물 | 모과의 껍질과 씨를 제거한 후 얇게 조각 내어 꿀과 함께 뭉근하게 졸여 여과한 후 저장해서 먹는 음료. |

### (3) 차

우리나라의 차는 찻잎으로 만든 것 이외에 다양한 식물성 재료를 이용해서 만든

**표 7-3 | 차(발효차)의 종류**

| 명칭 | 재료 | 만드는 방법 |
|---|---|---|
| 매실차 | 매실, 물, 꿀 | 청매를 손질하여 살짝 말린 후에 2~3일간 설탕에 재워 가온한 후 꿀 등을 넣어 마시는 차. |
| 석류차 | 석류알, 설탕 | 석류알을 알알이 떼어서 설탕에 버무려 시럽이 되도록 발효시킨 후 끓는 물에 타서마시거나 끓여 마시는 차. |
| 국화차 | 감국꽃, 백매, 소금물, 녹말, 꿀 | 이슬 내린 감국을 타서 질그릇에 백매 한두 개를 밑에 넣고 꽃송이를 평평하게 넣어 소금물을 부어 봉해서 발효시킨 것. |
| 모과차 | 모과, 대추, 설탕,잣, 물 | 모과 껍질을 벗기고 얄팍하게 썰어 설탕에 재워서 저장하여 보관하였다가 차로 달여 마심. |
| 귤강차 | 귤홍, 생각, 작성 | 귤홍, 생강, 작설을 함께 달여 꿀을 탄 것. |
| 사과차 | 사과, 설탕, 물 | 설탕을 설탕시럽에 재워 사과청을 만들어 발효시켰다가 뜨거운 물을 부어 마시거나 끓여 마시는 차. |

차도 있는데, 이는 일반적으로 여러 가지 향약이나 약이 되는 식물성 재료를 달여서 또는 뜨거운 물을 부어서 뜨겁게 먹는 음료를 말한다.

여기서 차나무의 차와는 따로 분류하여 그 종류를 살펴보면 **표 7-3** 과 같다.



## 2) 차

차 발효는 찻잎의 세포조직 중의 액포 속에 들어 있는 폴리페놀polyphenol이 폴리페놀옥시다아제polyphenol oxidase에 의해 산화되어 황색의 데아플라빈이나 적색의 데아루비긴 성분으로 변해 독특한 향미를 나타낸다.

차를 분류하는 방법에는 제조 시기나, 발효 정도, 형태, 재배방법, 품종, 생산지역 등으로 구분하는 데 4~5월에 제조한 것을 1번차 또는 춘차春茶라 하고, 6~7월의 차는 2번차 또는 하차夏茶라 하며, 8월에 제조한 것을 3번차, 9월에서 10월 상순에 제조한 것을 4번차 또는 추차秋茶라고 한다. 일반적으로 차를 분류할 때는 발효 정도에 따라 비발효차, 발효차, 후발효차로 분류한다.

중국에서는 반발효차인 우롱차를, 일본에서는 수증기로 쪄서 만든 찐차를 좋아하며, 우리나라에서는 가마솥에서 덖어서 만든 덖음(釜炒)차에 대한 기호도가 높다.

- 차
  - 비발효차
    - 덖음차(부조차)
      - 약부조차 : 쌍계차, 설록차(억수, 옥수 등)
      - 반부조차 : 신차, 유비차
      - 강부조차 : 작설차, 화개차, 보향차
    - 찐차(증제차)
      - 약증제차
      - 반증제차 : 반야차
      - 강증제차 : 설록차(옥고, 다향 등), 가루차
  - 발효차
    - 약발효차(10~20%) : 백차, 청차, 재스민차
    - 반발효차(반발효차, 50~60%) : 우롱차
    - 전발효차(85% 이상) : 홍차
    - 후발효차 : 보이차

## (1) 불발효차(0%)

■ 녹차綠茶

비발효차인 녹차는 중국 북부지방과 일본, 한국 등지에서 주로 생산되며 제조방법에 따라 증기로 쪄서 잎 중 효소를 불활성화시킨 증제차와, 가마솥에서 덖어서 만든 덖음차가 있다.

덖음차나 찐차 모두 고온에서 단시간 처리하기 때문에 산화효소가 파괴되어 클로로필chlorophyll이 변하지 않으므로 녹색이 그대로 남아 있다.

특히 덖음차는 350℃ 이상의 높은 건열로 처리하기 때문에 수증기로 찌는 경우와는 다르게 불조절을 잘해야 하고, 찐차에 비해 색은 조금 떨어지나 구수한 맛과 산뜻한 향이 우리의 기호에 잘 맞는다.

## (2) 반발효차(10~65%)

■ 우롱차烏龍茶

반발효차인 우롱차는 중국의 푸젠성과 광둥성 그리고 대만에서 주로 생산되고 있으며, 독특한 꽃향기와 여러 가지 생리활성이 우수하여 많은 사람이 즐겨 마시는데 제조방법이 복잡하여 대규모 생산은 불가능하다.

반발효차의 특징은 일광 위조와 실내 위조를 통해 수분 증발과 더불어 발효작용에 의한 향기 생성을 유도하므로 발효 정도에 따라 특유한 방향을 나타낸다.

**위조** withering, 萎凋

위조는 바람을 이용해 수확된 찻잎의 수분을 제거하는 것으로 직사광선에서 건조시키는 일광위조와 실내에서 알맞은 온도와 습도를 유지해 건조시키는 실내위조의 자연건조방법이 있다. 이 외에 위조기를 이용해 공기를 직접 흘려 건조시키는 인공건조 방법이 있다.

## (3) 전발효차(85% 이상)

■ 홍차紅茶

발효차인 홍차는 1610년 전 후 중국 푸젠성 무이산에서 시작되었다고 하며,

1828년 인도네시아에 전래되고 1834년에 인도로 전파되었다.

홍차의 제조방법은 정통식 방법과 비정통식 방법이 있다. 정통식 방법은 잎차 형태의 홍차를 생산하는 데 이용되는데 향이 강하고 수색은 엷으며, 인도의 고산지대에서 나는 다즐링 홍차와 스라랑카에서 생산되는 차가 이에 해당된다. 비정통식 생산방법은 잎을 잘게 부수고 압착하여 수색이 진하며 맛이 강하도록 제조하는 방법인데, 티백이나 블렌딩용으로 이용된다.

홍차는 탄닌 함량이 많고 향기 성분이 많은 품종을 선택하여 만든다. 약 40%의 수분을 증발시켜 시들게 하고 산화효소의 활성을 증가시킨다. 그리고 찻잎을 말아 조직을 파괴시켜 산화작용이 활발하게 일어나게 하고 온도 25℃, 습도 95% 이상의 실내에 1.5~3시간 저장하여 발효시킨다. 이 과정을 거치면 산화가 진행되어 녹색이 적동색으로 변하고 풋내가 없어지면서 홍차 특유의 향기가 나는데, 이것을 건조시킨다.

홍차의 등급은 산지와 찻잎의 크기에 의하여 분류되며 표 7-4 , 홍차의 품질은 상급부터 'FOP >OP >BOP >P, BP >F > D' 의 순서다.

**표 7-4 | 홍차의 분류**

| 명칭 | 약칭 | 특징 | 품질 |
|---|---|---|---|
| 피코 pekoe | P | 비교적 크고 단단하며 털이 많은 잎을 굵게 말아서 만든 것 | 향기, 차의 색이 엷은 중급품 |
| 오렌지 피코 orange pekoe | OP | 어린 싹이나 줄기를 가늘게 말은 것으로 등황색을 띠고 있는 것 | 차의 색이 아름답고 향이 모두 좋은 상품 |
| 플라워 오렌지 피코 flowery orange pekoe | FOP | 상질의 오렌지 피코로서 향기가 좋은 것 | 최고급품 |
| 브로큰 피코 broken pekoe | BP | 잎이 부스러진 피코 | 중급품 |
| 브로큰 오렌지 피코 broken orange pekoe | BOP | 부스러진 오렌지 피코 | 가장 많이 사용되는 홍차 |
| 패닝 fanning | F | 잘 말리지 않은 잎이 제조 시 부스러진 것 | 하급품 |
| 더스트 dust | D | 부스러진 가루 | 최하급품 |

### 홍차 끓이는 법

홍차 1.5~2g을 90℃의 물 150mL에서 5분 또는 100℃ 물로 2~3분 우려낸다. 홍차는 말아놓은 찻잎의 크기에 따라 용출시간을 달리해야 하는데, 크고 굵게 말아 놓은 것은 5분 정도로 길게 용출시켜야 한다.
가장 흔히 사용하는 브로큰 오렌지 피코BOP형의 홍차를 이용한 실험 결과, 뜨거운 물의 온도가 높고 침출시간이 길고 품질이 좋은 홍차일수록 탄닌이나 가용성 침출량이 많았다. 따라서 물의 온도, 침출시간, 홍차의 품질, 첨가물이 홍차의 맛에 영향을 미칠수 있다.
홍차 우려낸 물의 색은 침출온도가 낮으면 홍차 품질의 차이가 확실하게 나타나지만, 고온에서 침출하면 품질의 차이가 침출액의 농도로 나타나지 않는다. 침출액의 색은 물의 온도가 높을수록, 침출시간이 길수록 짙어져 검게 보인다. 특히 하급의 홍차에서 침출온도가 높아지면 검은색을 띠어 나빠진다.
홍차는 식으면 온도저하로 인해 카페인과 탄닌 화합물이 색출되기 때문에 녹차보다 더 혼탁해지지만 이런 것이 생기면 맛은 좋다. 따라서 아이스티를 만들 때는 짙게 우려낸 홍차를 얼음 위에 끼얹어 급냉시킨다. 홍차액에 레몬을 넣으면 레몬이 함유하고 있는 퀸산, 아스코르브산 등에 의해 홍차액의 pH가 낮아지는데, 홍차의 테아루비긴은 산성이 강해지면 엷어지므로 홍차의 색이 엷어지고 방향이 잘 조화된다.

## (4) 후발효차

■ 흑차류, 황차류

녹차의 제조 방법과 같이 효소를 파괴시켜 불발효차를 만든 뒤, 찻잎 속에 남은 10% 정도의 수분과 폴리페놀, 카테킨, 엽록소 같은 효소들이 오랜 시간에 걸쳐 일어나는 생화학적 변화를 후발효라 한다. 이러한 후발효로 만들어진 푸얼차(보이차)를 생차청병 혹은 청병차라고 한다. 녹차의 제조방법에서와 같이 효소를 파괴시킨 뒤 찻잎을 퇴적하여 공기 중에 있는 미생물의 번식을 유도해 다시 발효가 일어나게 만든 차이다.

■ 자비차煮沸茶

찻잎을 가마에 넣고 약 10~20분간 더운물에 데친 후 멍석에 펴서 양지바른 곳에서 말린다. 말리는 찻잎을 뒤집어서 찻잎 삶은 물을 2~3회 부으면 맛과 빛깔이 좋아진다.

### 3) 다른 나라의 일반발효음료



■ 보자Boza

불가리아, 알바니아, 터키, 루마니아 등에서 주로 애용하는 대중적인 음료이다. 밀, 호밀, 기장, 옥수수 등 곡류를 설탕 및 사카린과 혼합하여 만든다. 맛은 단맛과 약한 신맛이고, 색깔은 베이지색의 콜로이드 현탁액 상태이다.

불가리아의 Boza는 주로 유산균과 효모의 비율은 2:4이다. 동정된 유산균으로는 *Lactobacillus*(*plantarum, acidophilus, fermentum, coprophilus*) 및 *Leuconostoc*균이고 효모로는 *Saccharomyces cerevisiae, Candida tropicalis, Candida glabrata, Geotrichum penicillatum, candidum* 등이다.

■ 창chang

일반적으로 말하는 맥주와 달리 따뜻하고 우유빛이 나는 곡물 발효음료이다. 네팔 사람이 즐겨 먹는 음료로, 손님 접대나 신께 올리는 신성하고도 귀한 음료이다.

■ 마헤우Mahewua

아프리카 및 페르시아만 지역 국가에서 음용되는 신맛의 음료이다. 옥수수 분말이 주재료이고 수수, 기장맥아, 밀가루를 첨가하기도 한다. 발효는 상온에서 이루어진다.

■ 포졸Pozol

멕시코에서 주로 음용되고 익은 옥수수 분말과 라임lime 용액을 혼합하여 볼을 만들고 바나나 잎에 싸서 4일 정도 상온 발효시킨다. 발효된 반죽 덩어리를 물에 풀어서 마신다.

■ 토과Togwa

탄자니아 등 남부아프리카 지역 음료로서, 이유식으로도 사용한다. 옥수수 분말, 카사바 전분, 기장맥아로 만들며 pH 4.0~3.2 범위이다.

■ 크바스Kvass

러시아에서 딱딱하게 굳은 빵을 다시 발효시켜 먹는 발효음료로, 영양이 풍부하고 칼로리도 높다. 젖산발효에 의한 젖산균이 풍부하고 약간의 알코올이 있으며 끈끈하고 걸쭉한 우유빛 나는 음료이다.

# 8
Chapter

# 농산 · 축산 · 수산발효

1. 젓갈
2. 식해
3. 발효소시지

# 8

## FERMENTED FOOD

# 1. 젓갈

## 1) 기원과 역사

한반도에서 BC 3~4천 년경 농업이 시작되기 이전부터 해안 지역에 거주하는 사람들은 수산물을 주로 채집하는 생활을 하였으며, 바닷물에 해산물과 채소를 넣어 토기에 끓여 먹은 것으로 추정된다. 이 시기에 곡물, 과실, 구근류를 이용한 알코올발효와 바닷물에 채소나 생선을 담가 발효시킨 절임, 젓갈 제조가 시작된 것으로 보인다. 이에 따라 염을 이용한 발효 저장이 발달하였고, 어로 중심의 식생활 구조에서 젓갈이 만들어졌으며, 훗날 농경문화의 급속한 발달로 장醬이라고 하는 조미료 및 저장식품이 발전하게 되었다.

젓갈에 사용된 소금은 일반인에게는 귀하고 비싼 식재료였기 때문에 초기에는 궁중의 의례음식으로 발달되었다가 조선시대 이후부터는 일반 백성에게도 보급이 확대되어 일반화되었다.

**표 8-1 | 시대별 젓갈의 발달과 변천**

| 시대 | 관련 서적 | 시대별 특징 |
|---|---|---|
| BC 3세기 | 중국 주례 | 젓갈을 의미하는 해醢가 처음 나옴<br>술, 누룩, 메주, 염을 침장원으로 육류나 생선류를 발효시킨 음식을 설명 |
| 530–550 | 중국 제민요술 | 젓갈의 종류, 제보법, 숙성법에 대해 기록 |
| 삼국시대 | 삼국사기 | 수산발효식품 우리나라 최초로 언급<br>궁중의례음식에 사용된 해醢에 대해서 나옴 |
| 고려시대 | 향약구급방 | 젓갈의 식용 배경 설명<br>다양한 젓갈류에 대한 설명(조류 젓갈 이용)<br>젓갈과 식해의 구분<br>제조법에 따른 어유강해와 식염만 사용한 지염해로 젓갈과 식해를 설명 |
| 조선시대 | 미암일기초<br>쇄미록<br>삼림경제<br>증보산림경제<br>음식디미방<br>제민요술 | 150여 종의 젓갈 발달<br>중국 조공품으로 젓갈을 이용<br>조선시대 관선과 주요 문헌에 젓갈의 종류와 제조법 설명<br>식염만사용하는 적염해가 젓갈의 주종이며, 일부 식해 사용<br>염해법, 주국어법, 어육장법, 식해법 등 다양한 방법과 액젓을 사용 |

기원전 3세기에 쓰인 중국의 『주례周禮』에 수산발효식품을 나타내는 醢(해)라는 용어가 나오는데 醢(해)는 술, 누룩, 메주 식염을 침장원으로 하여 동물이나 날짐승, 생선 등의 고기를 염장 발효시킨 식품으로 장과 해를 같은 제조기술로 보지만 사용하는 원료가 다른 것으로 구분하고 있다. 『제민요술齊民要術』에는 젓갈의 종류, 제조방법, 계절에 따른 숙성방법 등 그 시대 젓갈에 대한 상세한 기록이 나와 있다.

우리나라의 문헌으로 수산발효식품을 최초로 언급한 서적은 『삼국사기三國史記』로 신라본기에 보면 신문왕 때 왕비를 맞아들이는 의례음식에 대한 설명을 하면서 해醢가 사용되었다고 했는데 우리나라 젓갈의 최고 기록인 '해'란 오늘날의 수산발효음식인 젓갈을 의미하는 것이다.

고려시대에는 젓갈류에 대한 기록이 정사, 의서류 및 문집 등에 다양하게 나타나기 시작했다. 젓갈의 종류도 담수어, 해수어뿐만 아니라 홍합, 전복 등의 패류와 새우류, 게류 등의 갑각류까지 그 이용 범위가 확대되었고, 지금은 사용되지 않는 조류(새)를 이용한 젓갈에 대한 언급도 있다.

조선시대는 젓갈의 발전이 더욱 왕성해진 시기로 젓갈이 중국의 조공품으로 사용되고 무역 물품이 되기도 했다. 따라서 조선시대 관선과 민간의 주요 문헌에도 젓갈의 종류와 제조방법 등이 자세하게 기록되어 있다. 『미암일기초眉巖日記草』와 『쇄미록瑣尾錄』에 다양한 젓갈과 식해가 기술되어 있어 이를 통해 젓갈의 대부분이 식염만을 사용하는 저염해였다는 것을 알 수 있고, 일부 식해류도 사용된 것을 알 수 있다.

발효법은 크게 4종류로 염해법, 주국어법이라 하여 술 · 누룩 · 식염을 넣어 발효시키는 방법, 어육장법이라 하여 동물 · 생선의 고기를 발효시키는 방법, 식해법 등이 있다. 그중 식염만을 침장원으로 한 저염해를 주종으로 하였으며, 주국어법과 어육장법은 중국의 것을 소개한 것으로 생각된다.

젓갈을 가장 자세히 설명한 것은 『제민요술』로서 젓갈의 종류, 제조방법, 계절에 따른 숙성방법 등 젓갈에 대한 상세한 기록이 있다. 젓갈의 액체만을 분리한 액젓을 조미식품으로 이용했다는 내용이 『쇄미록』, 『증보산림경제』에 기록되어 있다.

이처럼 수산발효음식은 우리나라에서 기원전부터 사용되었다가 점차 대중화되어 다양한 종류의 식재료로 이용되고 발달되었다.

## 2) 젓갈의 정의

젓갈의 정의는 "어류, 갑각류, 연체동물류, 극피류 등의 전체 또는 일부분을 주원료로 하여 이에 식염을 가하여 발효 숙성한 것 또는 분리한 여액에 다른 식품 또는 식품첨가물을 가하여 가공한 것"이라고 되어 있다.

수산물의 염장식품으로 숙성 중에 자체 효소에 의한 단백질의 분해작용과 발효작용으로 만들어진 식품을 젓갈이라 한다. 우리나라를 비롯해 동남아시아, 동북아시아는 벼를 주식으로 하는 농경문화권는 곡류 위주의 식사를 하기 때문에 단백질 식품이 부족한 편이다. 따라서 적당한 염분의 섭취와 단백질 섭취의 필요성 때문에 콩단백질을 발효시켜 염분과 감칠맛을 즐길 수 있도록 하는 장문화와 작은 생선이나 조개류에 소금을 넣어 재료 자체의 효소에 의한 단백질 분해로 생성되는 아미노산, 핵산 등의 감칠맛의 젓갈문화가 발달된 것이다.

구미에서는 거의 자취를 감추었지만, 동양에는 많은 수산발효식품이 발달했는데 한국의 젓갈류, 일본의 시오카라shiokara, 鹽辛와 나레즈시naresushi, 熟鮨, 베트남과 라오스 등 동남아시아의 남프라가 대표적인 수산발효식품이다.

## 3) 발효의 원리

한국인의 식생활에 중요한 자리를 차지하는 젓갈류는 주재료인 어패류를 여러 종류의 미생물과 어패류 자체 내에 존재하고 있는 효소로 발효시킨 전통음식이다. 젓갈은 어패류가 갖고 있는 특유의 맛 성분과 유리아미노산이 풍부하여 단백질 공급뿐만 아니라 김치의 부원료나 조미료로서의 역할을 하는 우리 식생활에 없어서는 안 되는 중요한 식품이다.

젓갈은 그 종류만 우리나라에서 175여 종에 이르고 담그는 방법에 따라 소금에만 절인 것, 소금과 술에 절인 것, 기름과 천초 등 향미료를 섞은 것, 소금과 누룩에 담근 것, 소금과 엿기름, 찹쌀밥에 담근 것으로 나눌 수 있다. 각종 수조육류를 어패류에 섞어서 담근 어육장도 있으나 일반적으로 젓갈로 분류하지 않고 식물과 곡물을 넣거나 육류를 이용한 것을 식해로 따로 분류한다.

### 4) 사용균주 및 재료

젓갈류 등 수산발효식품의 발효과정에서 미생물의 역할에 대한 연구는 그리 활발하지 않다. 이들 미생물은 대부분이 내염성의 호기성 균과 혐기성 균이 공존하며 발효숙성에는 *Bacillus subtilis*, *Leuconostoc mesenteroides*, *Pediococcus halophilus* 및 *Sarcina Litorlis* 등이 관여한 것으로 알려졌다. 일반적으로 숙성 초기에는 *Pseudomonas*, *Acbromobacter*, *Flavobacterium*, *Brevibacterium*, *Pediococcus*, *Sarina*, *Miacrococcus* 등이 우세하고, 숙성 중기에는 효모류가 우세한데, 효모수가 최고조에 달할 때 가장 좋은 맛을 낸다.

### 5) 제조공정

우리나라 젓갈 제조법의 특징은 20% 내외의 식염만을 침장원으로 하는 것이다. 식염 10% 수준을 사용하는 저염 젓갈은 일부 굴젓이나 명란젓으로 한정되는데, 저염 젓갈은 대체적으로 장기 저장이 어렵기 때문에 발효 후에 먹기보다는 즉석에서 먹는 특징을 갖는다. 20% 내외의 젓갈류의 경우는 약 3개월 이상에서 수년간 보관이 가능하다.

우리나라의 젓갈 제조공정은 일반적으로 식염만을 사용하는 적염해법을 공통으로 사용하며 2~3개월 정도 상온발효에서 어체 원형이 유지되는 발효젓갈과 발효기간을 연장한 젓국(액젓)을 동시에 생산하고 있다. 젓갈을 일반적으로 생선을 소금에 절여서 2~3개월 저장 후에 생선의 어체가 물러지기 전에 건더기를 건져서 이것에 갖은 양념을 하여 밥반찬으로 직접 사용한다. 또 일부는 1년여 정도를 더 발효시켜 효소에 의한 가수분해가 충분히 일어나게 해 어체의 형태가 뭉그러지고 나면, 이것을 곱게 마쇄한 후 다시 걸러서 다리는 저온살균 과정을 거친 후에 조미액인 젓국을 만들어 김치류나 반찬류를 만드는 조미식품으로 이용한다.

### 6) 기능성

젓갈은 아미노산이나 무기성분이 풍부하고 조직감이 독특하며 소화흡수가 용이

한 식품이다. 젓갈은 어류, 패류, 어류의 내장 등에 소금을 가하여 부패균의 번식을 억제하고, 어패류 자체의 효소와 외부 미생물의 효소작용으로 육질을 분해시킨 독특한 맛과 풍미의 발효식품이다.

젓갈은 단백질분해효소와 지방분해효소를 다량 함유하고 있어서 쌀밥을 주식으로 할 때 부족하기 쉬운 필수아미노산을 보충해 준다. 또한 식욕증진, 간 보호에 효과가 있으며 비타민 B가 풍부하다.

젓갈의 공통점은 오래 보존하기 위해 소금을 많이 넣어 만들기 때문에 젓갈을 많이 섭취하면 고혈압 발생 우려도 있다. 하지만 젓갈은 소금에 절이거나 말린 어패류와 달리 미생물, 효소로 발효되어 감칠맛이 나고 영양소도 풍부하다. 특히 쓸모없게 여겼던 생선의 내장과 아가미 등 버려지는 부분들을 활용하여 맛과 영양이 풍부한 음식으로 만들 수 있다.

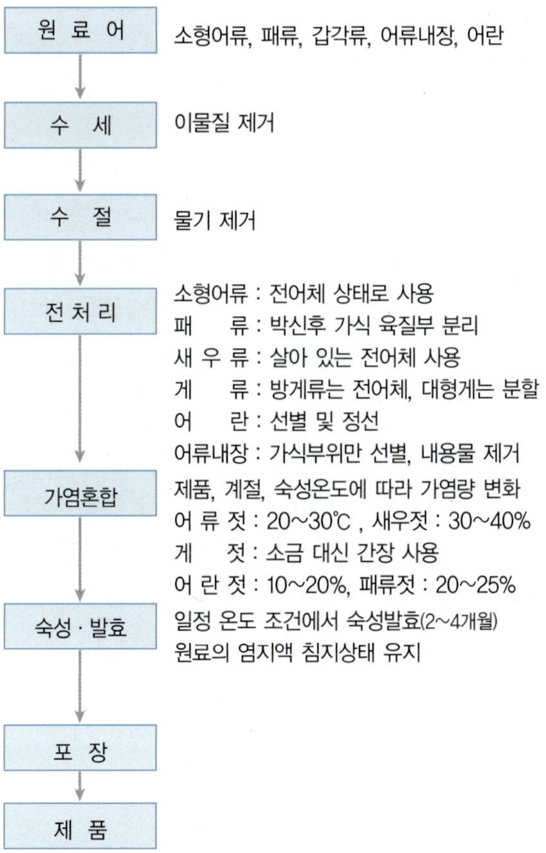


그림 8-1 | 일반 젓갈의 제조공정

## 7) 젓갈의 종류 및 분류

### (1) 종류에 따른 젓갈의 분류

우리나라의 식품위생법에서 정하는 식품공전에서는 젓갈류를 다섯 가지 유형으로 분류하고 있다.

① 젓갈 : 어류, 갑각류, 연체동물류, 극피동물류 등의 전체 또는 일부분을 주원료(생물 기준으로 60% 이상)로 하여야 하며, 여기에 식염을 가하여 발효 숙성시킨 것이다.

② 양념젓갈 : 젓갈에 고춧가루, 조미료 등 양념을 첨가한 것이다.

③ 액젓 : 젓갈을 마쇄하고 여과하여 분리시킨 액을 말한다.

④ 조미액젓 : 액젓을 희석하여 염수나 조미료를 첨가한 것이다.

⑤ 식해류 : 어류, 갑각류, 연체동물류, 극피동물류 등의 전체 또는 일부분을 주원료(생물 기준 60% 이상)로 하여 이에 식염, 곡류 등 부원료를 가하여 발효시키고 숙성시킨 것이다.

### (2) 재료에 따른 젓갈의 분류

재료별 원료별로 젓갈을 분류할 수 있다. 생선을 통째로 이용하는 경우와 내장과 아가미를 이용하는 경우, 갑각류를 이용하는 경우, 어패류의 생식소를 이용하는 경우 등으로 5가지로 분류할 수 있다 표 8-2 .

어패류는 각각의 계절에 따라 지방 함량과 산란 등의 영향으로 맛이 달라진다. 따라서 주재료가 되는 어패류를 선별하여 만드는 제조시기마다 젓갈의 품질이 달라진다. 이는 만드는 시기의 계절적 발효환경조건, 즉 온도, 습도 등 주위 환경과 원료 어패류의 성숙도, 영양상태, 지방의 조성, 산란 여부, 단백질 조성 등에 따라 어패류 발효에 많은 차이가 있기 때문이다. 대표적인 예가 새우젓이다. 새우는 각각의 계절에 따라 불리는 이름이 다를 정도로 맛이 다르다.

#### ① 어류

■ 멸치젓

액젓은 생멸치와 소금을 섞어 발효시키는데, 멸치 육질을 모두 걸러낸 것이

**표 8-2** | **젓갈의 종류**

| 재료 | 제품의 종류 |
|---|---|
| 어류 | 가자미젓, 강달이젓, 고노리젓, 고등어젓, 갈치젓, 까나리젓, 능성어젓, 눈치젓, 대구젓, 도루묵젓, 도미젓, 돌치젓, 동태젓, 등피리젓, 디포리젓, 매가리젓, 멸치젓, 모챙이젓, 민어젓, 반지젓, 뱅어젓, 밴댕이젓, 송애젓, 뱀장어젓, 병어젓, 뿔낙젓, 조기젓, 수느래젓, 신대젓, 실치젓, 아그대젓, 열치젓, 웅어젓, 자리젓, 전어젓, 정어리젓, 준치젓, 황숭어젓 |
| 갑각류 | 갈게젓, 게자제젓, 게장, 게젓, 고개미젓, 곤쟁이젓, 꽃게젓, 농발게젓, 능갱이젓, 대하젓, 돌게젓, 바다게젓, 박하지젓, 방게젓, 백하젓, 벌떡게젓, 부새우젓, 새우젓, 새우마섯, 새우액젓, 세하젓, 쌀게젓, 오젓, 유젓, 자젓, 중하젓, 참게젓, 청게젓, 털게젓, 토하젓, 피앵이젓, 화란게젓, 하황발이젓 |
| 연체류 | 꼴뚜기젓, 굴젓, 낙지젓, 대합젓, 동죽젓, 맛젓, 모시조개젓, 바지락젓, 백합젓, 소라젓, 오분자기젓, 오징어젓, 어리굴젓, 조개젓, 한치젓 |
| 어패류의 내장과 아가미 | 갈치속젓, 게웃젓, 고등어내장젓, 대구아가미젓, 민어아기미젓, 명태아가미젓, 뱀장어젓, 전어밤젓, 조기속젓, 조기아가미젓, 창난젓, 해삼창자젓 |
| 어패류의 생식소 | 게알젓, 고등어알젓, 대구알젓, 명란젓, 목어알젓, 새우알젓, 성게알젓, 숭어알젓, 연어알젓, 장대알젓, 조기알젓, 화란젓 |

출처 : 윤숙자(2003), 한국의 저장발효음식

고, 걸러내지 않은 그대로가 육젓이다. 좋은 멸치젓은 향이 고소하고 불그스름한 색을 띠고 있다. 멸치젓은 우리 생활과 너무나 밀접해 김장을 담그거나 어떤 음식을 만들거나 먹을 때에도 꼭 필요한 젓갈이다.

멸치젓은 주로 남해안 지방에서 생산되고 있다. 제조법은 멸치 세척과 물기 제거 작업이 끝난 후 용기 안에 소금을 넣고 차례로 절인다. 소금과 멸치를 잘 섞은 후 밀봉하여 약 2~3개월간 음지에서 발효시킨다.

■ 갈치젓

갈치젓은 갈치의 전 부위를 염장하여 숙성시킨다. 갈치젓은 2~3개월간 숙성시켜 갈치의 형체가 남아 있는 갈치젓과 1년 이상 숙성시킨 진국 형태의 갈치젓국 두 종류가 있다. 양념으로 조미한 갈치젓은 반찬으로 이용되고, 짙은 밤색을 띠는 갈치젓국은 전라남도 지방에서 김치 담그는 데 주로 이용한다. 싱싱한 갈치는 회갈색을 띠고 쉽게 뼈에서 살이 분리된다.

갈치젓국을 만드는 방법은 갈치의 내장을 제거하고 토막 내어 물로 씻는다. 갈치가 작을 경우는 내장까지 통째로 사용한다. 손질한 갈치의 배 속이나 아가미에 소금을 뿌려 섞고 항아리에 넣은 다음 다시 윗부분에 두껍게 웃소금을 뿌려서 2~3개월 정도 서늘한 곳에서 숙성시킨다. 또 이렇게 숙성된 갈치젓을 1년 정도 더 숙성시킨 후에 면포를 이용해서 걸러서 다린 후에 보관해서 갈치젓국을 만들어 김치를 만들 때 이용한다.

### ② 패류

■ 조개젓

바지락, 백합, 모시조개, 대합 등이 사용된다. 이러한 재료들의 속살을 깨끗이 발라내어 모두 골고루 소금에 재어 두었다가 한 달이 지난 뒤에 갖은 양념으로 무친다. 주로 밥반찬으로 애용된다.

■ 어리굴젓

비타민과 미네랄이 매우 풍부한 바다의 우유라고도 불리는 굴은 세계 여러 나라에서 애용되는 식품 중 하나이다. 굴은 어패류 중에서 여러 가지 영양소를 이상적으로 가지고 있는 영양식품이다.

굴은 일반적으로 늦은 가을이나 겨울부터 이른 봄까지가 제철로, 이때 싱싱한 굴을 골라서 껍질을 제거하여 알만 걸러내어 소금물에 씻은 후 물기를 제거하고 소금에 절여서 만든다. 소금의 농도에 따라 맛이 달라지는데 약하게 양념하여 고춧가루, 파, 마늘 등을 넣어 바로 먹는 어리굴젓을 만들어 먹기도 한다. 어리굴젓을 만들 때는 찰밥을 갈아서 넣으면 굴 모양이 흐트러지지 않고 맛도 좋다.

■ 오분자기젓

전복과의 패류인 오분자기(떡조개)는 제주도에서 약 70% 생산되고 있지만, 생산량이 계속 감소하는 추세에 있는 고급 조개이다. 오분자기젓은 전복 내장과 혼합 발효시키므로 풍부한 영양과 맛을 지니고 있으며, 일본에도 수출되고 있다.

■ 전복젓

전복에는 단백질과 아미노산이 많이 함유되어 있어 단맛을 낸다. 비타민 $B_1$, $B_{12}$가 많고, 칼슘 등의 미네랄이 풍부해 산후조리에도 좋다. 또 비만, 간경화, 간기능 회복, 폐결핵에 아주 유용하게 쓰이기도 한다. 고려시대부터 제주도에서는 전복을 왕실에 특산물로 바쳐왔고, 조선시대에는 그 진상품의 종류와 수량이 많아 백성들의 원성을 사기도 했다. 특히 전복젓(게우젓)은 전복의 내장을 주원료로 하는데 소라, 오분자기를 함께 담근 것이다. 숙성된 전복젓(게우젓)은 60% 정도의 고형분을 지니고 있다.

■ 소라젓(구쟁기젓)

우선 소라살을 소라에서 빼고 난 후 푸르고 누런 내장을 떼어내고, 깨끗하게 세척해서 소금을 살살 뿌려둔다. 두세 달 지나면 바로 먹을 수 있지만 오래 둘수록 맛이 더 좋아진다. 익으면 얇게 썬 후 갖은 양념으로 무친다.

■ 홍합젓

깨끗이 손질하여 무를 섞어서 만든다. 경남 해안지방에서만 담그는 이 젓은 채 썬 무를 고춧가루로 버무린 다음 홍합과 파, 마늘, 소금 등을 넣고 버무려서 단지에 담아 두고 6~8일쯤 지나면 익는다.

### ③ 갑각류

■ 새우젓

새우젓은 멸치젓과 더불어 우리나라 2대 젓갈의 하나로, 특히 전라남도 지역에서 많이 담그며 그 맛도 좋다. 봄에 담그는 것을 춘젓, 가을에 담그는 것을 추젓이라고 하는데 춘젓이 더 맛이 있다. 특히 음력 유월에 나는 새우는 살이 통통하고 껍질이 얇아 젓갈로 만든 육젓을 가장 고급으로 취급한다 **표 8-3** .

■ 전어젓

이 젓갈은 특유한 풍미가 있어 다른 젓갈들과 비교할 수 없을 정도이다. 좋은 젓감(전어)을 얻으려면 밤에 잡아야 하는데, 그 이유는 밤에 잡은 것은 뻘(개흙)이 창자 안에 없기 때문이다. 또 내장 속 밤이라 하는 부분은 씹히는 맛이 일품이다. 소화촉진에도 좋아 옛날에는 소화제로 사용되었다. 전어 내장을 씻지 않은 상태로 밀봉하여 재운 후 1~2주 정도 지나서 삭은 부분만을 꺼내어 매운 고추와 섞어 양념을 만들어 먹는다.

■ 밴댕이젓

멸치보다 훨씬 큰 물고기로 청어과에 속한다. 밴댕이의 내장은 매우 작지만 나름대로의 맛을 자랑한다. 젓갈은 봄에 담그며 고춧가루와 풋고추를 다져 함

**표 8-3 | 새우젓의 종류**

| 명칭 | 설명 |
|---|---|
| 자하젓 | 크기도 작고, 색이 다른 새우에 비해 붉은색을 띤다. 5~6월과 9~10월에 잡힘. 국, 돼지고기요리, 해장국, 콩나물국, 김치 담글 때 사용된다. 맛과 향이 아주 뛰어나다. 소금을 새우와 섞은 후 단지에 차곡차곡 넣은 후 윗부분을 덮고 소금을 위에 다시 얹는다. 그리고 3개월 이상 음지에서 발효시켜 먹는다. |
| 세하젓 | 작으면서도 맛은 좋은 편이다. 5~6월과 9~10월에 잡히고, 사용 용도는 자하젓과 동일하다. |
| 데떼기젓(김치육젓) | 새우가 크고 각질이 두꺼운 편이다. 우리나라 새우 중에선 가장 많이 생산되는 새우젓이다. 봄에서 가을까지는 흔히 잡히고, 김치 담글 때 가장 많이 사용된다. |
| 곤쟁이젓 | 새우가 아주 작으나 맛은 좋은 편에 속한다. 이른 봄 잠시 잡히고, 자하젓과 같은 용도로 사용되나 밥에 쪄서 먹기도 하고, 비벼서 먹기도 한다. |
| 동백하젓 | 한겨울에 나오는 새우젓으로 깨끗하고 흰 빛깔을 띠고 있다. |
| 오젓 | 흰색 새우가 주류이고 질이 좋다. 육젓과 같으며 소화에 탁월한 기능이 있다. 찬 종류에 많이 쓰인다. |
| 육젓 | 새우가 크다. 종류는 흰색과 붉은색이 있고 좋은 새우에 속하지만 잘 잡히지 않아 귀하다. |
| 추젓 | 겨울에 많이 잡히고, 오젓보다 좀 작은 편이다. |
| 토하젓 | 오염되지 않은 논이나 하천에서 서식하는 민물새우 중 새뱅이(또랑 새우)를 젓갈로 담근 것이다. |

께 무친다. 밥반찬으로 많이 먹지만 다른 용도로도 많이 사용한다.

■ 조기젓

조기를 씻어서 물기를 제거하고, 아가미에 소금을 뿌려 조기와 소금을 켜켜이 쌓아 밀봉한다. 조기젓은 대부분 봄에 굴비를 말릴 무렵 담근다.

■ 볼락젓

크기가 제일 작은 것을 골라서 깨끗이 씻은 후 물기를 제거하고 소금을 뿌려 10개월 정도 익혀야 된다. 남해안 지역에서 많이 담그는데 뽈래기젓이라고도 불리는 이 젓은 여름철에 먹어야 제맛이다. 볼락은 도미와도 생김새가 흡사하다.

■ 황석어젓(황새기젓)

참조기 새끼와 매우 흡사하게 생겨서 구분이 잘 안 되지만 엄연히 다르다. 황새기라고도 불리는데, 중부지방에서는 황석어젓, 전라도에서는 황숭어리젓, 황실이젓이라고도 불린다. 익혀서 살은 다지고 나머지는 다려서 김치에 넣는 방법과 무치는 방법, 찌는 방법이 있다. 소금으로 한 2년 정도 발효시켜야 제 맛이 난다.

■ 모치젓

숭어 새끼를 젓갈로 담근 것이다. 8~10월에 서해안과 영산강 부근에서 많이 잡히는 모치는 담근 후 1년이 지나야 하며, 밑반찬에 빼놓을 수 없는 별미를 자랑한다. 모치와 풋고추를 소금으로 덮어 비린내를 뺀 다음 마늘, 참기름, 고춧가루 등 갖은 양념으로 버무려 먹는다.

■ 등피리젓

부안에서는 딘팽이젓이라고 하는 등피리젓은 특히 전북 지역에서 많이 담근다. 등피리(일명 밴댕이)는 눈이 크고, 등푸른 작은 생선이다. 이 생선은 오래 묵힐수록 좋아서 3년 이상 묵혀야 제맛이 난다

■ 자리젓

제주산 자리돔을 소금에 잘 절여서 고춧가루 양념으로 버무려 찬으로 먹거나, 콩잎 쌈에 먹는다.

④ 연체류

■ 오징어젓

오징어젓은 소화흡수율이 높은 아미노산과 단백질을 포함한 영양가 높은 저칼로리 식품으로서 생체 내에서는 합성되지 않거나 미량만이 합성되는 필수 아미노산이 풍부하고, 특히 한국인에게 부족하기 쉬운 라이신, 메티오닌을 다량 함유하고 있다. 오징어의 내장을 제거하고 잘게 썬 후, 소금과 골고루 섞어 단지에 넣는다. 7~8일간 음지에서 숙성시킨다.

■ 꼴뚜기젓

몸 길이가 약 70mm인 꼴뚜기의 산란기는 3월이며 4~5월에 집어등으로 유인해 그물로 잡는다. 꼴뚜기젓은 황해도와 평안도에서는 호디기젓이나 느레젓으로 불리고, 전라도에서는 꼬록젓, 꼬락젓으로 불린다. 꼴뚜기에 소금을 뿌려 한두 달 지나면 빨갛게 되면서 잘 익는다. 깍두기나 김치에 넣어도 좋고, 양념과 버무려서 밥반찬으로 먹어도 별미다.

■ 낙지젓

낙지젓은 전남 해안지방에서 많이 담그는데 질기지 않고 부드럽다. 낙지젓은 낙지가 큰 것보다는 세발낙지라 하여 발이 가느다랗고 작은 것으로 담그는 것이 더 좋다. 어리굴젓과 마찬가지로 저장기간을 길게 하지 않고 바로 먹는 젓갈류로서 낙지 발효의 맛보다는 양념맛으로 먹는 저염류 젓갈류이다. 낙지를 소금으로 빨아 씻은 후에 내장을 제거하고 머리와 다리를 4~5cm 길이로 썰어 고춧가루, 파, 마늘, 설탕이나 물엿, 통깨 등을 넣어서 양념한 후 하루 정도 두었다 먹는다.

■ 해삼젓

한방에서는 이 해삼이 신장을 튼튼히 하면서 기운과 남성의 양기를 돋우며 성기능의 향상에도 유효한 것으로 전한다. 특히 칼슘, 인, 철이 풍부해 근육 수축, 혈액응고, 치아와 골격에도 좋다. 따라서 어린이나 임산부에게 특히 좋으며 최근에는 항암물질도 발견되었다. 해삼젓을 먹을 때는 호박색을 띤 것이 좋고, 검은 점이 보이면 좋지 않은 것이다.

⑤ 게류

■ 게장

게장용 게는 알이 꽉 차 있는 암게가 제일이다. 게장은 바닷게뿐만 아니라 민물게를 끓인 간장에 담가 만든다. 일반적으로 10cm 내외의 작은 게를 이용하며 검붉은 색깔과 단맛을 가진다. 게를 해수나 염수로 문질러서 배의 껍데기를 뜯은 후 깔끔하게 잘라내고, 소금을 약간 뿌리고 항아리에 담은 후, 간장과 갖은 양념(생강, 설탕, 고추장 등)을 넣어 양념장을 만들어 붓는다. 이 작업이 제대로 이루어지지 못하면 부패하여 냄새가 난다. 이를 막기 위해 간장양념을 5일마다 3~4회 다시 끓여 붓는 작업을 반복하여 만든다.

■ 참게젓

민물에서 나는 참게에 간장을 넣어서 담근 것으로, 요즘에는 디스토마 감염의 우려가 높아 거의 먹지 않는다. 지금은 바다에서 나는 털게나 닭게, 꽃게 등으로 담근다. 고춧가루나 고추장으로 무친 게장은 당일이나 다음날에도 먹을 수 있다.

■ 콩게젓

전라남도 강진 음식으로서 콩만큼 아주 작은 게를 맷돌에 갈아 젓갈로 담근 것으로 고소하고 콩게 특유의 맛을 느낄 수가 있다.

### ⑥ 생선의 부산물

■ 명란젓

명란젓은 명태알을 소금에 절인 것이다. 명란젓은 젓갈로 분류되어 있으나 염장식품에 더 가깝다고 말할 수 있다. 명태 배에서 알을 난막이 훼손되지 않도록 꺼내어 수세 후에 충분히 물을 뺀 후 15~20%의 양질의 소금을 가한다. 염지방법은 마른간법을 쓰고 원료의 성숙도에 따라 식염 첨가량이 달라진다. 7~8일 후 염적된 알은 대나무발 위에서 물빼기 작업을 한다. 이 명란젓에 고춧가루, 마늘, 생강, 설탕 등을 가하여 2~3주 동안 상온에서 숙성시켜 만든다.

■ 창난젓

창난젓은 생태의 창자로 담가야 제맛이 난다. 생태의 창자 부위를 3% 염수로 수세하고 모래, 흙과 먼지를 제거한 후 창자 부위를 3% 염수에 12~20시간 침전시킨다. 그 후 그늘에서 조심스럽게 통풍시켜 대나물발 위에서 물기를 빼고 20~30%의 식염과 4%의 고춧가루, 생강, 참깨, 설탕과 혼합하여 만든다. 생태의 창자가 아닌 대구의 창자로 담그는 경우도 있다.

■ 아가미젓

흔히 아감젓이라고도 불리는 이 젓갈은 명태의 아가미를 이용해서 소금만을 뿌려 두었다가 무채김치처럼 담근다. 서거리젓이라고도 하는데, 서거리는 아가미를 가리키는 강원도 사투리이다.

■ 게웃젓(개웃젓, 전복내장젓)

전복내장젓이라고도 하며 게웃젓이라고 하는 제주도 본래의 향토음식으로 전복의 내장을 넣고 소금으로 절여 만든 것이다. 일반적으로 고가의 전복으로만 젓을 만들기가 어렵기 때문에 소라의 내장을 같이 이용하기도 한다. 내장 특유의 씁쓸한 맛이 나며 게웃젓에 고추, 쪽파나 고춧가루, 참기름, 마늘 등을 함께 넣어 양념해서 밥에 비벼먹거나 쌈을 먹을 때 이용한다.

■ 성게젓

밤송이조개, 구살이라고도 불리는 성게는 국으로도 많이 쓰인다. 성게의 노란 알로 만든 고급 전통젓갈로 소금을 넣어 버무린 후 살짝 익혀 먹는다. 특히 비타민, 철이 풍부하여 건강식으로도 알려졌다.

■ 게젓

멍게를 우렁쉥이라고도 한다. 멍게는 동해의 초도리에서 제주의 성산포에 이르기까지 널리 분포하며 특히 여수에서 다량 채집된다. 멍게젓은 멍게의 향긋한 향기와 맛이 그대로 보존되어 있고 특유의 단맛까지도 남아 있어 특히 입맛이 없는 사람에게 좋다.

■ 감잎 명란젓

감잎은 비타민 C와 B, K 등이 함유되어 있는데, 이러한 성분이 짠맛을 감소시켜 명란의 맛이 더욱 살아나게 해준다.

■ 어알젓

맛이 좋은 청어알젓은 씹을 때 입안에서 터지며 청어알만이 가지고 있는 고소한 맛을 낸다. 밥에 참기름을 넣고 비벼 먹으면 아주 그만이다.

■ 전어밤젓

전어의 내장 중에서 완두콩만 한 밤으로 담그기 때문에 매우 귀하다. 고소한 맛 때문에 많은 사람이 즐겨 먹는다. 전어의 내장만을 모아 담근 것은 전어속젓, 전어 새끼로 담근 것을 엽삭젓, 뒈미젓이라 한다.

■ 대구모젓

대구 아가미가 주재료로 대구 알개미젓, 대구 아감젓으로도 불린다.

■ 대구장지젓

쉽게 말해서 대구의 아가미와 내장을 섞은 것이다. 그 둘을 두 달 정도 소금에 절인 것을 무 절인 것과 합하여 고춧가루, 식초, 깨소금 등으로 무쳐 먹는다.

⑦ 어간장

어간장fish sauce이란 어패류에 고농도의 식염을 가하여, 6개월 이상 어육 단백질을 가수분해효소 또는 산이나 알칼리로 분해 · 숙성시켜 거른 액체 조미료이다. 어간장은 숙성 중 세균이 적고 고염분이므로 미생물의 역할은 적으며, 주로 자기소화 효소에 의한 것이다. 어간장의 원료는 작은 등푸른생선, 보리새우, 굴, 조개 등과 20~30%의 식염이며, 완제품은 글루탐산을 비롯한 아미노산류, 핵산 성분, 미네랄, 불포화지방산, 칼슘 등이 다량 함유되어 농후한 지미를 지닌다.

동남아에서는 풍부한 해산물을 이용하여 남프라Nam Pra, 남파Nam Pa, 느억맘Nuoc Mam 등의 어장류를 조미료로 많이 이용한다(젓갈인 Fish Paste는 파덱Paderg, 새우젓은 카피Kapi라고 부른다).

## 2. 식해

### 1) 기원

곡물과 어패류를 같이 섞어 발효시키는 식해류는 그 이름만으로 우리나라만의 고유한 저장발효음식으로 생각하기 쉽지만, 식해류는 동남아시아의 어장발효 문화권에서 널리 보편적으로 이용되는 발효음식의 형태이다

식해는 곡물 위주의 농사가 발달한 지역과 주변 바다를 끼고 있는 자연환경을 지니고 있는 지역에서 주로 발달하였다. 식해는 곡물과 여기에 식물, 어패류, 육류 등을 같이 넣어서 발효시키는데, 이때 곡물은 발효과정에서 전분이 분해되면서 젖산을 만들어내고 이 젖산에 의해서 PH가 낮아지면서 유해미생물의 번식을 억제하고 부패를 막아준다. 이러한 식해를 이용한 저장발효방법은 소금이 비싸고 귀하던 시절에 침채류 김치보다는 훨씬 더 많이 이용되었던 저장발효음식이라 할 수 있다.

『수운잡방需雲雜方』에도 어식해魚食醢의 조리법이 등장되고 『산가요록山家要錄』에는 무려 7가지의 식해류가 등장하고 있어 식해는 우리 식생활에 주요 부식이 되고 발전해 왔음을 알 수 있다.

재료를 보면 도라지, 죽순 등 식물성 재료부터 돼지껍질, 꿩, 닭 등이 다양하게 등장하는 것을 보면 조선 초기까지 식해가 동 · 식물과 곡물과 소금을 첨가해 발효시키며 다양한 종류가 있었음을 알 수 있다.

**표 8-4 | 식해의 종류와 재료**

| 종류 | 재료 |
|---|---|
| 어해魚醢(생선식해) | 물고기+쌀밥+소금+끓인 소금물+밀가루 |
| 양해䑋醢(양식해) | 우양(소의 밥통)+후추+소금+쌀밥+누룩+꿩고기 혹은 닭고기 |
| 저피식해猪皮食醢(돼지껍질식해) | 생돼지껍질+소금+쌀밥+후추+누룩 |
| 길경식해吉莄食醢(도라지식해) | 도라지+소금+쌀밥 |
| 죽순식해竹筍食醢 | 죽순+소금+쌀밥 |
| 생치식해生雉食醢(꿩고기식해) | 꿩+소금+쌀밥+밀가루 |
| 원미식해元米食醢(쌀죽식해) | 원미죽+물고기+소금 |

출처 : 한복려(2007), 산가요록

근세에 들면서 침채류인 김치류가 발달하기 시작하고, 곡물을 제외한 생선과 소금만을 이용한 젓갈이 더욱더 발달하는 계기가 되었다.

특히 조선시대 초기에 김치는 채소와 곡물에 소금을 넣었던 고대 김치류에서 채소와 소금만을 이용한 김치류로 바뀌었고 김치와 젓갈의 발달로 식해류는 일부 특수지역의 향토음식으로만 남게 되었다.

벼를 주식으로 하는 동남아시아나, 동북아시아의 중국, 일본, 한국 등은 식해가 중요한 부식으로 발달하였다가 중국에서는 식해의 모습이 사라졌으며, 한국에서는 고추의 유입으로 맵고 칼칼한 자극적인 맛으로 바뀌게 되었다. 일본의 경우는 생선에 곡물과 식염을 첨가하여 젖산 발효시킨 후나즈시鮒鮨가 향토음식으로 남아 있으며 동남아시아에도 생선에 찹쌀과 소금을 넣어 발효시킨 식해류가 있다.

## 2) 식해의 정의

식해는 소금을 가미한 어패류 또는 조류, 육류 등을 주재료로 하여 거기에 소금과 가열된 전분을 혼합하여 유산발효시킨 저장발효식품이다. 달리 표현하면 식해의 대부분은 쌀밥이나 곡식으로 밥을 하여 절임재료로 한 어魚와 육肉의 절임이라고 표현할 수 있다.

원래 식해의 주재료에 혼합되는 것은 소금과 쌀밥이지만, 쌀밥이 아닌 조밥과 토란전분으로 만든 식해도 있다. 또한 발효를 촉진하거나 풍미를 내거나 색을 내기 위하여 누룩과 술을 넣어 만든 식해도 있으며, 부산물로 향신료로 고추, 고춧가루, 파, 마늘, 생강 등을 넣어 절이는 식해도 있다.

이러한 식해는 일본에서는 스시가 독자의 발전을 하면서 발달하였다. 지금의 스시와는 다른 형태의 고대 스시는 후나즈시(붕어초밥)를 가르키는 것이었다. 중국에서는 삼국시대의 어젓의 일종이 젓갈류 식품과 혼동되는 해라는 용어가 쓰였으나 현재는 서남중국 소수민족의 식해에 관한 단편적인 자료만 남아 있을 뿐 거의 사라진 음식이 되었다.

동남아시아에서 필리핀, 인도네시아, 캄보디아, 베트남 등지에 식해가 남아 있다. 하지만 서양에서는 이러한 형태의 발효음식에 대한 자료가 보이지 않는 것으로 보아 식해 형태의 발효음식은 동양권의 고유 음식문화라 볼 수 있다.

### 3) 발효의 원리

보통 식해를 만들 때에는 우선 주재료인 어패류나 조류, 육류 등에 소금을 넣고 여기에 쌀밥이나 곡식으로 지은 밥을 혼합하여 용기에 넣어 두면 미생물의 작용으로 발효가 일어나게 되는데, 유산발효가 주이기 때문에 산미가 있는 제품이 된다. 보존 중에 육肉에서 자기소화에 의한 각종 아미노산이 생성되어 식해의 감칠맛을 내는 것은 젓갈과 같다. 하지만 젓갈은 적극적으로 어육을 분해시키는 것을 의도한 식품으로 어육의 원형을 남기지 않는 제품이 많은 것에 반해서, 식해는 가능한 어 자체의 형태를 유지하면서 보존하는 것을 목적으로 하는 식품이다.

또한 식해의 제조 시 첨가되는 소금은 맛을 내는 것 외에 어육의 탈수, 경화, 부패세균의 증식억제, 자기소화의 진행 억제 효과가 있다. 또한 곡물의 전분질은 미생물의 작용으로 당화하여 유산 및 그 밖의 유기산과 알코올을 생성한다. 그 때문에 독특한 풍미가 형성될 뿐만 아니라 산성이 높아짐에 따라 저장성이 향상된다.

## 4) 식해의 종류 및 분류

### (1) 우리나라의 식해

① 어해(魚醢, 생선식해)

생선이 크다면 조각을 내고 소금을 많이 뿌려 더울 때는 하룻밤 정도 두었다가 소금을 씻어낸다. 판자 위에 풀을 펼쳐 놓아 생선을 놓고, 다시 판자를 덮어 큰 돌로 눌러 물기를 뺀다. 멥쌀로는 밥을 부드럽게 지어 차게 식혀 간이 맞도록 소금을 섞는다. 항아리에 먼저 밥을 한 켜 깔고 그 위에 생선을 한 켜 깔아 켜켜이 놓은 다음 손으로 꾹꾹 눌러 놓는데 항아리 안이 가득 차지 않게 한다.

마른 상수리 나뭇잎이나 대껍질을 십여 벌 위에 펴고 그 위에 두꺼운 기름종이를 덮어 주먹만 한 돌로 그 위를 눌러 놓는다. 소금물을 끓여 식혀서 항아리에 가득 차도록 붓고 그늘에 놓아둔다. 쓸 때는 절대로 날물이 들어가지 않게 하고, 식해는 먼저 물기를 다 뺀 후에 사용한다. 만약 빨리 먹으려면 담글 때 쌀밥 두 되와 밀가루 한 홉을 섞어 버무리면 되는데, 처음부터 끝까지 날물이 들지 않게 하여야 한다.

② 양해(膁醢, 양식해)

양(소의 밥통)을 먼저 물에 깨끗이 씻어 둥글게 조각 내어 물이 펄펄 끓을 때 양을 잠깐 넣어 반만 익힌다. 꺼낸 것을 차게 식혀 소금을 살짝 뿌리고 진밥 한 사발과 누룩가루 한 움큼을 고루 섞어 버무려 항아리에 담고 기름종이로 단단히 봉한다. 항아리를 잿속에 깊이 묻어 두었다가 썰어서 사용한다.

③ 저피식해(猪皮食醢, 돼지껍질식해)

돼지껍질을 삶아서 털을 말끔히 벗겨 하얗게 되면 손바닥만 하게 잘라서 보통 식해 담그는 법처럼 소금을 살짝 뿌리고 진밥 한 사발과 누룩가루 한 움큼을 고루 섞어 버무려 항아리에 담고 기름종이로 단단히 봉한다.

④ 길경식해(吉莄食醢, 도라지식해)

도라지 껍질을 제거한 후에 잠깐 데쳐서 깨끗이 씻고 한 마디 길이로 잘라서 생선과 함께 담가도 되고 도라지만 따라 담가도 된다. 죽순식해도 도라지식해와 같은 방법으로 만든다.

⑤ 생치식해(生雉食醢, 꿩고기식해)

10월쯤 가을에 꿩의 살이 오르고 좋을 때 꿩을 잡아 피를 빼고 깨끗이 씻어 엄지손가락 크기로 뼈째로 토막을 내고 하루 정도 물에 담가둔다. 깨끗해질 때까지 여러 번 씻어 자루에 넣고 판석으로 눌러 물기를 빼내어 하룻밤을 둔다. 다음날 아침에 꿩 열 마리에 멥쌀 여섯 되를 질게 밥을 지어 소금 네 홉과 밀가루에 섞어 항아리에 담는다. 기름종이로 단단히 봉하여 두껍게 꽁꽁 싸서 온돌에 15일쯤 둔 다음에 먹는다.

⑥ 원미식해(元米食醢, 쌀죽식해)

생선이나 고기를 머리가 있는 채로 가운데를 잘라 소금에 오랫동안 절였다가 찬물에 깨끗이 씻어 자루에 담아 물기를 빼서 말린다. 말린 생선 한 사발에 원미 석되로 묽지도 되지도 않게 죽을 쑤고 소금을 넣어 항아리에 담는다. 여름에는 3~4일 겨울에는 10여 일 만에 먹는다.

⑦ 가자미식해

꾸덕꾸덕하게 말린 가자미를 좁쌀밥과 무채, 끓인 엿기름물 등으로 버무려 일주일간 삭혀서 먹는 함경도 향토식품으로, 무와 같이 발효시켜서 새콤하고 시원한 맛이 일품이다. 근래에 들면서 강원도 동해안의 특산품으로 각광받고 있다.

만드는 방법은 가자미 중에서 노랗고 작은 것을 골라 머리와 내장을 제거한 후 깨끗이 씻어 손질 후 소금을 뿌려 2일 정도 두었다가 다시 씻어 꾸덕꾸덕 말린다. 좁쌀(메조)로 고슬고슬하게 밥을 지어 식히고, 무는 굵게 채를 썰어 소금에 절인 후 물기를 짜 둔다. 엿기름은 물을 부어 가라앉힌 뒤 맑은 엿기름을 밭아 삭혀둔다. 말린 가자미를 먹기 좋게 썰은 다음 좁쌀밥, 무채, 엿기름물과 섞고 고춧가루, 다진 마늘, 다진 생강을 골고루 넣어 버무린 다음에 항아리에 담아 돌로 눌러서 일주일 정도 삭혀 물이 생기면 익힌다.

⑧ 명태식해

명태식해는 반건조 명태식해를 이용한다. 명태의 배를 가르고 반을 잘라 정사각형 형태로 얇게 썰어 고운 고춧가루로 붉은 물을 들인다. 무는 가자미식해와 마찬가지고 굵게 채 썰어 소금에 절인 후 물기를 꽉 짜서 제거한다. 좁쌀밥을 고슬고슬하게 지어 따뜻할 때 엿기름을 뿌리고 소금, 고운 고추가루, 파, 마늘, 생강을 넣어서 버무린다. 붉은 명태살과 양념한 좁쌀밥, 무채를 함께 버무려 항아리에 꼭꼭 눌러 담고 위를 무청으로 단단히 봉하여 10일 정도 두었다가 밥알이 삭으면 차게 보관하여 먹는다.

⑨ 도루묵식해

도루묵식해는 함경도의 대표적인 식해이다. 도구묵을 씻은 후 소금을 약간 쳐서 무거운 돌로 눌러 놓은 다음 조밥을 고슬고슬하게 지어서 식힌 후 마늘, 생강, 고춧가루, 소금을 혼합하여 항아리 속에 도루묵과 층층으로 담는다. 이렇게 담은 항아리를 따뜻한 장소에 놓아서 숙성시켜 먹으며, 절이는 동안 생기는 액체는 버리는 것이 좋다.

⑩ 정어리식해

강원도의 식해로 정어리를 머리를 잘라버리고 햇볕에 말린다. 밥도 똑같이 햇볕에 말린다. 밥과 정어리를 각종 양념을 혼합하여 서늘한 장소에 보관하여 숙성시킨다. 이때 밥과 정어리의 건조 정도를 잘 조정하는 것이 중요하다.

**표 8-5 | 식해의 종류**

| 원료 | 제품의 종류 |
|---|---|
| 어 류 | 가자미식해, 갈치식해, 광어식해, 노가리식해, 대구식해, 도다리식해, 도루묵식해, 멸치식해, 명태식해, 뱅어식해, 우럭식해, 전어식해, 전갱이식해, 조기식해, 쥐치식해, 홀때기식해, 횟대식해 |
| 연체류 | 고동식해, 낙지식해, 대합식해, 문어식해, 오징어식해, 한치식해 |
| 어란 및 아가미 | 명태아가미식해, 명태창자식해, 명란식해 |

출처 : 윤숙자(2003), 한국의 저장발효음식

### (2) 일본의 식해

일본의 식해(후나즈시) 역사를 문헌자료를 통해서 찾는 것은 어렵다. 문헌에 의하면 8세기 전반 다양한 전복이나 홍합, 조개류 등의 후나즈시가 나타나지만 그 유래에 대해서는 여러 가지이다.

일본 스시의 유래가 되는 후나즈시는 그 기원이 동남아시아 지방이라고 한다. 히

말라야 산맥으로부터 타이, 라오스의 원주민과 보르네오 화전민 사이에서도 후나즈시(일본의 오래된 초밥 중 하나다. 소금을 넣어 잘 섞은 밥을 내장을 제거하고 소금에 절인 생선 배 속에 채운 후 나무상자에 넣고 무거운 돌로 누른 상태에서 수주 일에서 수개월 동안 재워 두어 자연 유산발효시킨 다음 생선만을 먹는다)와 비슷한 음식이 조사되었다.

동남아시아 지역에서 식해는 밭에서 키운 벼의 화전 농경과 연관이 있다. 즉 밭에서 물 없이 키우는 재배법을 주로 하는 산에서 사는 화전 농경민이 민물고기의 저장법으로 식해를 발달시켰다. 라오스는 산악지대가 많지만 그 사이를 흐르는 메콩강의 풍부한 수자원을 이용하여 화전에서 가꾼 찹쌀과 암염을 이용하여 식해의 일종인 빠솜을 먹고 있다.

### (3) 태국의 식해

태국은 많은 종류의 어패류 발효제품이 있는데 북부지역, 동북지역, 중부지역, 남부지역에 따라 서로 다른 발효식품이 발달되었고, 같은 발효식품이라도 서로 다른 이름으로 불리고 있다. 이러한 식해의 일종을 플라라라고 한다.

플라라는 문자 그대로 썩은 생선이라는 의미인데, 쌀을 쪄서 생선과 섞고 항아리 속에 채워 공기가 통하지 않도록 밀봉한 후 무거운 돌로 눌러 1개월 정도 둔 것으로서 상당히 냄새가 강하다.

### (4) 인도네시아의 식해

인도네시아 북부 보르네오 섬에는 어패류의 다양한 절임방법이 있다. 이 외에도 수마트라, 술라웨시에도 식해가 있는 것으로 알려져 있다.

보르네오의 식해인 쟈루구는 내장을 꺼낸 생선과 쌀밥에 소금을 섞어 대나무통에 채워 넣은 후 바나나 잎 뚜껑으로 덮어 1~2주간 두었다가 땅속에 파묻어 두고 숙성시킨다. 이렇게 두면 공기에 접촉될 우려도 없고, 온도가 낮으면서도 일정하게 유지되기 때이다. 이 밖에 찬차로구는 살아 있는 새우나 작은 생선류를 돼지기름으로 볶은 밥에 소금을 섞은 것으로, 5~8일쯤 지나서 먹을 수 있다.

### (5) 대만의 식해

대만의 산간지방에는 도스도라는 식해가 있는데 이것은 은어 같은 담수어, 돼지,

멧돼지, 사슴 등 육류와 밤 또는 쌀밥을 섞어 절인 음식으로, 그 맛에 익숙해지지 않으면 먹을 수 없을 만큼 강한 냄새가 나는 식해류이다.

### (6) 중국의 식해

중국 대륙에서 식해의 보급은 대개 동남아시아와 유사하지만 식해는 옛날부터 화남 지방에서 주로 먹었다. 현재에는 구이저우貴州 성의 소수민족인 둥족侗族만이 옌위腌魚라는 일종의 식해를 먹고 있으며, 그 외의 지역에서는 완전히 자취를 감추었다.

### (7) 베트남의 식해

베트남에서는 수산물 발효식품을 맘mam이라고 총칭한다. 맘의 종류는 뇨크맘이라고 하는 젓액, 맘콤 혹은 맘로크라고 불리는 새우젓 페이스트paste, 맘츄아라고 불리는 것이 있다. 맘츄아는 볶은 쌀가루를 뿌려 만든 젓갈류인데 그중에 식해에 해당된다. 맘츄아는 일반적으로 생선의 비늘과 내장을 제거한 후 생선 전체에 칼집을 넣고 소금을 뿌린 후에 항아리 밑에 소금을 깔고 그 위에 생선을 켜켜이 깔은 다음 가제로 항아리 입을 덮어 저장한다. 저장 후 3~4일 후에 생선을 꺼내서 살을 볶아 가루로 만든 것과 소금을 뿌린다. 이것을 다시 항아리에 넣고 소금물을 끓여 식힌 것을 항아리에 가득 부어 30일 정도 발효시킨다. 1~2년 정도 저장이 가능하게 된다. 먹을 때는 맘츄아를 잘라 설탕물을 캐러멜색이 될 때까지 끓인 것, 볶은 쌀가루, 얇게 썬 마늘, 파파야 등과 버무려 조리를 하여 먹는다.

### (8) 캄보디아의 식해

캄보디아에서는 식해를 빠어라고 부른다. 파크는 진 찹쌀밥에 생육한 누룩을 합하여 생선과 함께 버무린 다음 담근 것으로 일본의 식해의 원리가 같다. 빠어를 만들 때는 바다생선뿐만 아니라 담수어, 새우, 게, 가물치 등을 이용한다 **그림 8-1**.

# 3. 발효소시지

소시지의 어원은 '소금에 절인다' 라는 뜻의 라틴어 Salsicius로부터 유래된 것으로, 소시지의 기원이 약 5,000년 전 메소포타미아 지방에서 수메르인이 돼지창자에 혼합한 고기를 넣은 소시지를 만들었다는 설과 로마시대에 소시지를 흔하게 만들었다는 설이 있는 걸 보면 꽤 오래전부터 만들었음을 짐작할 수 있다. 소나 돼지의 창자 속에 여러 재료를 소로 넣어 삶거나 쪄 익힌 음식 또는 훈연 처리한 육가공품 제조 · 가공한 것을 말하며, 지역과 민족에 따라 원료와 제조방법이 다양하여 그 맛과 특성도 다르고 명칭도 천차만별이다.

발효소시지는 식육가공품 식육을 주원료로 돼지고기 등 여러 육류를 통째로 염지를 하거나 또는 염지하지 않고 곱게 분쇄한 고기와 돼지 등 지방을 식육에 조미 및 여러 가지 향신료와 혼합하여 케이싱casing에 충전하여 적절한 온도와 상대습도로 충분한 시간에 걸쳐 발효 · 숙성한 후 건조 · 훈연 또는 가열 처리한 것으로 육함량 70% 이상, 조지방 35% 이하, 전분 10% 이하의 제품을 말한다. 별도로 숙성 · 건조시킬 경우에는 건조 수분 35% 이하와 반건조 소시지 수분 35% 이하로 규정하고 있다. 소시지의 주원료에 따라 소시지의 종류를 각각 분류할 수 있고, 대표적인 가공품으로는 햄, 소시지, 베이컨 등이 있다. 또 건조 소시지dry sausage와 반건조 소시지semidry sausage로 분류하기도 한다.

## 1) 소시지의 종류

- **포크 소시지**

  돈육을 잘게 다져서 조미료를 가미하여 케이싱에 충전하여 만든다.

- **프랑크푸르트 소시지**

  쇠고기 3, 돼지고기 어깨살 1의 비율로 배합하여 만든다. 시판품의 경우는 여러 가지 배합고기를 이용하여 22mm의 케이싱으로 만든다.

■ 살라미 소시지

쇠고기 3, 돼지고기 2의 비율로 향료와 럼 종류의 와인을 가해서 케이싱에 충전하여 삶아내어 건조 · 훈연을 한다.

■ 간 소시지

간과 지방을 배합해서 만든다.

■ 블러드 소시지

돼지의 피와 조미료를 이용하여 만든다.

## 2) 건조 소시지와 반건조 소시지

### (1) 건조 소시지dry sausage

분쇄한 고기에 향신료를 가하여 잘 혼합하여 케이싱에 단단히 채워, 저온으로 오랜 기간 건조한 것으로서 소시지류 중에서 가장 종류가 많다.

건조 소시지는 대부분 13~20%로 냉훈을 실시하여, 가끔은 훈연처리를 하지 않는 경우도 있다. 훈연처리를 한 소시지는 가열처리를 하지 않고, 직접 숙성시킬 때는 오랜 기간 동안 건조 및 숙성을 실시한다. 건조기간은 충분한 건조가 이루어져야 하므로 최소한 3개월 이상이 필요하다. 이때 수분 함량이 30~35% 이하가 되어야 한다.

건조 소시지는 발효 미생물에 의한 영향과 건조 및 숙성 과정 중에 일어나는 고기의 이화학적인 변화로 맛과 향미가 독특하다. 건조 소시지는 저온에서 장기간 서서히 발효시켜야 하므로 원료육의 이상적인 pH는 5.0~5.5 정도로 유지하는 것이 좋다. 일반적으로 원료육은 살라미salami계와 세르빌라트cervelat계로 구분한다. 살라미계는 대체적으로 훈연을 하지 않고 향신료가 강하고 원료육은 거칠게 세절하나 세르빌라트계는 향신료가 온화하고 원료육은 잘게 세절한다.

건조 소시지는 열처리공정 없이 육을 발효 · 건조시키는 제품이라서 원료육의 신선도 또는 미생물 오염도, pH, 지방의 산패도 등에 따라서 크게 좌우된다. 따라서 미생물의 오염도가 높은 원료육을 이용하게 되면 발효과정 중 부패 미생물의 증식하여 이취가 발생할 수가 있으므로, 미생물의 오염도가 낮은 신선한 원료육을 이용하는 것이 중요하다.

또한 원료육의 색상이 적색일수록 완제품의 색상이 우수하므로 가급적 어린 가축의 고기보다는 적색도가 짙은 나이 든 가축의 고기를 이용하는 것이 더 좋다.

원료로 이용되는 돼지의 지방은 가급적 단단한 것이 좋으며 또한 불포화지방산 함량이 낮은 것이 좋다. 이는 불포화지방산이 높은 유지는 보관 중에 쉽게 산화가 이루어져 산패취가 발생하기 쉽기 때문이다. 발효소시지는 상온(15℃)에서도 보관 · 유통이 가능하도록 제조된 제품이므로 산패된 지방을 원료로 사용할 때에는 제조된 후에도 지방분해효소의 작용이 중지되지 않고 산패가 계속 진행되어 결국 보존기간이 단축되고 산패취가 생성된다. 그러므로 반드시 신선한 지방을 원료로 이용하는 것이 중요하다.

### (2) 반건조 소시지semidry sausage

반건조 소시지는 수분 함량이 55%로 많은 양의 산이 축적되어 단기간에 집중적으로 발효시켜 만든 제품으로서 건조 소시지에 비해서 신맛과 향이 더 독특하다.

단기간에 발효를 촉진시키기 위해서는 *Pediococcus*나 *Lactobacillus*속의 젖산균을 이용한다. 따라서 발효 시 적정 pH는 4.5~5.3 정도로 건조 소시지에 비해서 비교적 낮은 편이며, 제조기간도 단기간이어서 수분 함량이 대체로 높은 편이다.

반건조 소시지는 제조공정상 일반적으로 훈연을 하여 저장성 증진 및 내부 수분의 외부 확산 목적으로 내부 온도가 45~75℃에 도달될 때까지 살균하는 경우가 많다. 반건조 소시지는 인공 또는 자연 케이싱을 사용할 수 있으며, 원료육으로 쇠고기, 돼지고기가 주로 이용된다.

반건조 소시지의 발효과정에서 유산균의 역할은 젖산 생성에 의한 빠른 pH의 저하로 다른 부패미생물의 성장을 억제시켜 제품의 위생적인 안전성을 부여할 뿐만 아니라, 가열처리에 의한 살균작용, 훈연 물질의 축적, 단백질의 등전점(pH 5.3~5.4)에 이르게 한다. 이때 육의 보수력이 가장 낮게 되므로 수분의 용출이 용이해져 수분활성도water activity : Aw가 감소하며 육 단백질의 변성으로 졸sol 상태의 단백질이 겔gel 상태로 되어 지방과 육을 결착시켜 발효소시지 특유의 조직감을 갖게 된다.

## 3) 제조공정에 이용되는 재료

### (1) 식염

원료육에 식염, 향신료, 설탕 및 조미료를 넣어서 처리하는 방법으로 저장성을 높이고 풍미, 색, 보수성을 좋게 하는 역할을 한다.

발효 건조 소시지는 일반적으로 2.5~3.0% 농도의 식염을 첨가하는데, 제조공정 방식에 따라서 4.0~5.5%까지 고농도로 첨가하는 경우도 있다. 원료육을 제조할 때 식염을 첨가하면 염용성 단백질이 밖으로 용출되어 겔을 형성하여, pH와 건조에 의해서 염용성 단백질은 응고된다. 발효 건조 소시지에서 식염은 부패성 미생물의 발육을 억제하고 내염성이 강한 젖산균의 증식을 도와준다.

### (2) 질산 및 아질산염

질산염과 아질산염은 육색을 고정하고 풍미를 증진시키며 햄이나 베이컨을 만들 때 보툴리누스균과 같은 치명적인 식중독균의 포자 발아 및 증식을 억제시키기 위해 이용된다. 발효소시지 제조공정 시에나 숙성기간에 이용되는 부재료에 따라서 아질산염과 질산염으로 구분하여 이용해야 한다.

발색을 위해 질산염을 첨가하고, pH를 높이면 아질산염으로 환원된다. 이때 질산염 첨가 시 glucono-δ-lactone을 같이 이용하면 소시지의 pH가 급속히 낮아져 질산염이 아질산염으로 환원되기 어렵다. 따라서 질산염 첨가 시 glucono-δ-lactone의 이용을 금해야 한다. 오랜 기간에 걸쳐 발효소시지를 제조할 때에는 아질산염을 직접 사용하여 얻은 육색보다 질산염을 첨가하고 난 후에 질산염을 아질산염으로 환원시켜 발색시킨 육색이 더 짙고 안정감 있고 풍미도 우수하기 때문에 주로 질산염을 이용한다. 그러나 짧은 기간 내 발효소시지를 제조할 때에는 아질산염이 주로 이용되는데, 이때 급속한 pH저하를 우려할 필요는 없어 glucono-δ-lactone 이용이 가능하고, 오히려 낮은 pH가 발색과 발색 후 육색 안정에 더 많은 영향을 발휘할 수 있다.

### (3) 스타터 컬처

스타터 컬처starter culture는 발효 유제품, 피클, 빵, 주류, 식초류 등의 발효식품에 주로 이용되어 왔다. 따라서 스타터 컬처는 먼저 인체에 무해하며 유해 미생물이 없어야 한다.

발효소시지의 스타터 컬처로 이용되는 미생물은 낮은 pH와 10% 이하의 염용액, 150ppm의 아질산염 존재하에서도 생존할 수 있어야 하고, 생육의 최적온도는 27~45℃이어야 하며 단백질 및 지방 분해효소를 생성하지 않아야 한다.

이러한 미생물로는 *Lactobacillus*, *Pediococcus*, *Micrococcus*, *Staphylococcus*속 그리고 효모 *Debaryomyces*속, 곰팡이 *Penicillium*속 등이 있다.

*Staphylococci*는 통성 혐기성 균으로 육제품 발효에서 질산염 환원효소 및 아질산염 환원효소 생성, 단백질 및 지방분해, catalase 생성 등의 역할을 하여 발효소시지의 향미 생성에 기여한다. 가장 많이 이용되는 균은 *Staphylococci carnosus*로 위생상 안전한 미생물이다.

효모 *Debaryomyces hansenii*와 *Candida famata*는 효모로서 발효소시지의 색과 향기 향상 등에 기여한다. 소시지 표면에 도포된 곰팡이는 소시지 내부의 수분이 외부로 급속히 휘발되는 것을 억제시킴으로써 건조 속도를 조절하여 균일한 제품이 생산될 수 있도록 하며, 공기나 광선으로부터 소시지의 표면을 보호하고 저장성을 증진시키며 독성을 생성하는 곰팡이의 증식을 억제시킨다. 발효 건조 소시지의 곰팡이 균주를 스타터 컬처로 이용할 경우 mycotoxin 생성의 위험성을 염두에 두어 관능 · 기술 · 위생의 관점에서 주의해야 한다. *Penicillium nalgiovense*는 물 1ml당 $10^6$개 정도의 곰팡이 포자가 존재하도록 제조하여 소시지 표면에 분무하거나 또는 소시지의 용액 속에 침지시켜 숙성시킨다. 이때 곰팡이는 증식하면서 건조 소시지의 표면을 흰색으로 덮어 전형적인 곰팡이 발효소시지의 독특한 향미를 생성시킨다.

# 참 고 문 헌


강인수 외 6인. 식품미생물학. 훈민사, 2000

고종호 외 10인. 발효응용공학. 보문각, 2011

구영조, 최신량. 김치의 科學技術, 1990

김거유 외 12인. 최신유가공학. 유한문화사, 2011

김귀영 외 4인. 발효식품: 이론과 실제. 교문사, 2009

김명희 외. 전통발효식품. 보성, 2006

김수기외 14인. 산업응용미생물학. 라이프사이언스, 2006

김영희, 임정교. 한국전통식품. 효일, 2007

김정숙. 우리김치 55가지. 아카데미북,

김찬조 외 8인. 발효공학. 선진문화사. 1996

남주현 외 2인. 식품미생물학. 신정, 2003

노봉수 외 8인. 식품가공저장학. 수학사, 2009

농촌진흥청. 전통향토음식 용어사전. 교문사, 2010

박영배. 식음료서비스관리론. 백산출판사, 2002

방병호 외 5인. 발효공학. 진로, 2012

방병호 외 7인. 식품미생물학. 진로연구사, 2005

배인휴, 안종건. 치즈과학과 제조기술. 유한문화사, 2007

백영진. 유산균과 건강. 한국식품영양학회지. 6:53~65. 1993

성낙계 외 6인. 발효공학. 형설출판사, 2001

송형익 외 2인. 발효공학. 지구문화사, 2001

심상국 외 3인. 발효식품학. 진로연구사, 2001

안영태, 임광세, 허철성. 한국기능성 발효유의 현황. 한국유가공기술과학회지. 24:29-42. 2006

안용근. 식초의 건강과 과학. 양서각, 2005

안용근. 프로바이오틱 유산균. 한국식품영양학회지. 24:817-832. 2011

양철영, 고명수. 축산식품이용학. 형설출판사, 1998

오성천. 식품미생물학. 정문각, 2002

유상렬 외 7인. 식품미생물학. 수학사, 2009

윤숙자. 한국의 저장발효음식 이론과 실제. 신광출판사, 2003

이갑상. 응용미생물학. 대학서림, 2000

이삼빈 외 3인. 발효식품학. 효일, 2001

이원재 외 6인. 미생물의 세계. 월드사이언스, 2000

이정열, 허철성, 백영진. 유산균발효유의 이용과 건강증진. 한국유가공기술과학회지. 17:58-71. 2003

이한창, 박인숙. 발효식품학. 신광출판사, 2004

임광세. 발효유의 건강증진 효과. 한국식품영양학회지. 16:93-103. 2003

전우민 외 2인. 우유와 유제품의 생화학. 라이프사이언스, 2007

정동효. 발효식품대전. 유한문화사, 2012
정동효. 발효식품의 기능성. 신일북스, 2012
정동효외 3인. 응용미생물학. 동화기술, 2001
정용진, 이명희. 식초산업의 현황과 전망. 식품산업과 영양 5(1), 7~12. 2000
정지인, 홍은영, 김미경, 정지원, 오지영, 권민수, 이강표, 김건희. (2009) 수확기간별 배추를 이용한 김치의 저장조건에 따른 Total Glucosinolates 함량 및 이화학적 변화. 한국식품저장유통학회지 v.16, no.5, 2009, pp. 612-617
정충일 외 2인. 축산식품미생물학. 유한문화사, 2005
조성진, 홍충의, 양성용, 최경근, 김형국, 양혁, 이광원. 전통된장의 숙성기간에 따른 $\gamma$-Aminobutyric Acid(GABA), Isoflavone 함량변화. 한국식품영양과학회지40(4), 557~564(2011)
최혜미. 영양과 건강이야기. 라이프사이언스, 2006
하덕모. 발효공학. 신광출판사, 2000
하영득, 김광수. 식초의 문화사. 식품산업과 영양 5(1), 1~6. 2000
한영숙 외 6인. 식품미생물학. 파워북, 2009
허윤행 외 6인. 식품미생물학. 지구문화사, 2003
허태련. 치즈와 건강. 14:105~109. 1994
홍태희 외 5인. 발효식품학. 지구문화사, 2012
황혜성 외 2인. 한국의 전통음식. 교문사, 1991

Elizabeth, K.L., Tracy, K.S., Rosemary, G.C. and Ian, T.J. (2001) Cell death in the colorectal cancer cell line HT29 in response to glucosinolate metabolites. J. Sci. Food Agric., 81, 959-961
Faukner, K., Mithen, R. and Williamson, G. (1998) Selective increase of the potential anticarcinogen 4-methylsulphinylbutyl glucosinolate in broccoli. J. Carcinogen., 19, 605-609
Gösta Bylund(2003). Dairy processing handbook. Tetra Pak Processing Systems AB, Sweden.
Heaney, R.K. and Fenwick, G.R. (1980) The analysis of glucosinolates in Brassica species using gas chromatography. Direct determination of the thiocyanate ion precursors, glucobrassicin and neoglucobrassicin. J. Sci. Food Agric., 31, 593-599
Judy Ridgway, Sara Hill. 세계의 명품치즈. 세경, 2008
Kang, M.H.; Kim, J.S., Park, S.J, Shibamoto, T.(1987) A Study on Biological and Chemical Changes in Fermented Soybeans(MeJu), Grown under Organic vs Non-organic Conditions, during Storage. Journal of Agriculture and Biological Sciences Vol. 3(2) pp. 278-286, March 2012
Mithen, R.F., Lewis, B.G., Heaney, R.K. and Fenwick, G.R. Glucosinolates of wild and cultivated Brassica species. J. Phytochem., 26, 1969-1973
Song, L. and Thornalley, P.J. (2007) Effect of storage, processing and cooking on glucosinolate content of Brassica vegetables. Food Chem. Toxicol., 45, 216-224
Ueda R. Nagai S. Kanbara K, Moriguchi S(1958) Studies on the organic acids in soy sauce. I-Ⅱ. J. Ferment Technol. 37, 94-104

# 찾아보기

## | 저자 소개 |


**한영숙**
성신여자대학교 식품영양학과 교수

**박인숙**
배화여자대학교 식품영양과 교수

**범봉수**
경인여자대학교 식품영양과 교수

**강명화**
호서대학교 식품영양학과 교수

**윤진아**
배화여자대학교 식품영양과 겸임교수

**박훈**
선문대학교 식품과학과 교수

**박한나**
서울호서전문학교 식품조리과 교수

**권기한**
광주대학교 식품영양학과 교수


# 발효식품


2012년 9월 20일 초판 발행
2015년 9월 5일 2쇄 발행

지은이 | 한영숙 · 박인숙 · 범봉수 · 강명화
윤진아 · 박훈 · 박한나 · 권기한

발행인 | 유제구
발행처 | 파워북
주 소 | 경기도 고양시 일산동구 호수로 358-25
동문굿모닝타워2차 529호
전 화 | (02) 730-1412
F A X | (031) 908-1410
등 록 | 1997. 1. 1 제 300-1997-13
편 집 | 민하디지탈아트(02-3274-1333)

정 가 | 19,000원
ISBN | 978-89-8160-199-7 (93590)

잘못된 책은 바꿔드립니다.